教育部人文社会科学研究青年基金项目
"基于社会化商务中信誉机制的农产品质量安全治理研究"
（项目编号：17YJC790144）研究成果

基于食品安全视角的社会化电子商务研究

汪普庆　杨赛迪　著

武汉大学出版社

图书在版编目(CIP)数据

基于食品安全视角的社会化电子商务研究/汪普庆,杨赛迪著.
—武汉:武汉大学出版社,2020.12
ISBN 978-7-307-21784-3

Ⅰ.基…　Ⅱ.①汪…　②杨…　Ⅲ.食品安全—电子商务—研究
Ⅳ.TS201.6

中国版本图书馆 CIP 数据核字(2020)第 172864 号

责任编辑:林　莉　沈继侠　　责任校对:李孟潇　　版式设计:马　佳

出版发行:**武汉大学出版社**　　(430072　武昌　珞珈山)
(电子邮箱:cbs22@whu.edu.cn　网址:www.wdp.com.cn)
印刷:广东虎彩云印刷有限公司
开本:720×1000　1/16　印张:9　字数:159 千字　插页:2
版次:2020 年 12 月第 1 版　　2020 年 12 月第 1 次印刷
ISBN 978-7-307-21784-3　　定价:35.00 元

　　汪普庆，男，湖北洪湖人，2009年毕业于华中农业大学，获管理学博士，现任武汉轻工大学经济与管理学院副教授，硕士生导师，工商管理系主任，主要研究方向为：食品安全与供应链管理，中非农业技术合作。近年来出版学术专著2部，曾在《农业经济问题》《农业技术经济》等权威、核心期刊和国际学术期刊上发表学术论文20余篇，其中EI检索2篇；主持参与国家级和省部级课题10余项，其中，主持国家自然科学基金项目1项，教育部人文社科项目1项，湖北省教育厅项目2项；先后赴爱尔兰、澳大利亚和美国访学。近年来担任中国技术经济学会高级会员、湖北省工业经济学会理事和湖北省创业研究会会员等社会兼职。

　　杨赛迪，女，湖北随州人，武汉轻工大学经济与管理学院在读硕士研究生，主要研究方向为：企业管理和社会化电子商务等。曾在《财会通讯》等核心期刊发表学术论文数篇；主持参与2017年湖北经济学院大学生科研重点项目，阶段性研究成果获评学校二等奖，并曾参与教育部人文社科项目等省部级科研项目多项。

前　言

  食品安全一直是社会各界都非常关注的一个焦点问题，尽管造成当今食品安全困境的原因纷繁复杂，但追根溯源，食品安全问题的深层原因在于：随着人类社会工业化和城镇化进程的不断推进，城市与农村逐渐分离，食品生产者与消费者之间的关系分割，导致信息高度不对称，两者之间的信任缺失。因而，从某种意义上说，食品安全问题的根源是信任危机，而信任危机的根源在于生产者与消费者之间的联系分割。

  近年来一种新兴电子商务形式——社会化电子商务迅猛发展，特别是在食品领域，社会化电子商务依托其强大的社交优势，能够促使食品生产者与消费者之间、消费者与消费者之间的联系得以重新建立起来，从而实现生产者与消费者之间即时互动交流，实现双方更直接更快捷的反馈与沟通，重建声誉机制，重构食品安全信任关系。

  因此，鉴于社会化电子商务在缓解信息不对称问题，加深生产者与消费者之间互信，以及防止交易中的机会主义行为等方面具有重要作用，本书将从食品安全治理的视角对社会化电子商务中的信任机制、声誉机制和口碑效应等进行剖析，探索解决食品安全问题的新思路和新途径，以期能够为推动我国食品产业健康发展，促进食品社会化电子商务的持续发展，以及全面保障食品安全提供借鉴与参考。

  本书共由八个部分组成，主要研究内容如下：第一章为绪论，阐述研究背景与意义，对相关研究进行梳理和评述，介绍研究思路和研究方法等。第二章为相关理论与概念，先阐述电子商务、社会化媒体和社会化电子商务等相关概念及其内涵，然后对相关的社会网络、声誉机制、电子口碑、社会心理学等理论进行简单介绍。第三章为社会化电子商务发展现状，从社会化电子商务发展现状、社会化电子商务发展历程和社会化电子商务发展中存在的问题等方面进行介绍和分析。第四章为社会化电子商务运行机制与模式，从社会化电子商务的特征、模式和典型案例三个方面对社会化电子商务的运行机制进行分析。第五章为社会化电子商务与食品安全，先分析食品安全问题的根源，并进行反思，然后，分析社会化电子商务对现代食品体系带来的冲击，以及在解决食品安全问题方面所发挥的作用。第六章为食品社会化电子商务实践，以蔽山农场的实践为案例，介绍社会化电子商务的运作流程，消费者与生产者之间的良性互动及其食品安全信任的建立，以及存在的问题。第七章为国内外借鉴与新技术应用，分别对食物社区 O2O+C2B 模式、CSA 模式和区块链技术等国内外新模式和新技术进行介绍与分析。第八章为总结与对策，对全书进行总结，并提出对策与建议。

2020 年年初，一场突如其来的新冠肺炎疫情给全人类带来了灾难，截至 7 月 5 日，全球新冠病毒感染累计确诊人数超过 1136 万，累计死亡人数超过 53 万。同时，疫情也给食品产业带来了巨大损失。然而，值得注意的是，在疫情困境之下，我国的电子商务特别是社会化电子商务为保障人民群众日常生活需求发挥了重要作用，尤其是生鲜食品的供应。疫情带来挑战的同时，也给食品社会化电子商务带来了难得的发展机遇。我们希望食品社会化电子商务在持续健康发展的同时，能在进一步推动食品生产者与消费者之间互动与互信，以及提升食品安全水平等方面发挥更大的作用。

目　　录

第1章 绪 论

1.1 研究背景与意义

1.1.1 研究背景

1. 中国进入数字化时代

随着互联网、通信和大数据等技术的迅猛发展，中国已进入数字经济时代。根据 2020 年 3 月中国互联网信息中心（CNNIC）第 45 次《中国互联网络发展状况统计报告》，截至 2020 年 3 月，我国网民规模达 9.04 亿人，较 2018 年底增加 7508 万人，互联网普及率达 64.5%，较 2018 年底提升 4.9 个百分点（详见图 1-1）。我国手机网民规模达 8.97 亿人，较 2018 年底增加 7992 万人，网民中使用手机上网的比例高达 99.3%（详见图 1-2）。其中城镇网民规模达 6.49 亿人，占网民整体的 71.8%；农村网民规模达 2.55 亿人，占网民整体的 28.2%。

同样，截至 2020 年 3 月，我国网络购物用户规模达 7.10 亿人，较 2018 年年底增加 1.00 亿人，占网民整体的 78.6%（详见图 1-3）；手机网络购物用户规模达 7.07 亿人，较 2018 年底增加 1.16 亿人，占手机网民整体的 78.9%（详见图 1-4）。

2. 农产品电子商务发展迅猛

近年来，我国电子商务迅猛发展，市场规模持续扩大。2019 年，全国电子商务交易额达 34.81 万亿元，其中网上零售交易额达 10.63 万亿元，同比增长 16.5%。①

---

① 《商务部电子商务司负责人谈〈中国电子商务报告 2019〉》，载商务部网站，http：//www.mofcom.gov.cn/artical/zyzl/202007/20200702978986.shtml，2020 年 7 月 8 日访问。

图 1-1　网民规模和互联网普及率

数据来源：CNNIC《中国互联网络发展状况统计报告》。

图 1-2　手机网民规模及其网民比例

数据来源：CNNIC《中国互联网络发展状况统计报告》。

2019 年，我国农产品网上零售交易额达 3975 亿元，同比增长 27%（详见图 1-5），在全国网上零售额中占比超过 3.7%，较上年有所提升。自 2015 年以来，随着我国互联网在商业发展中的加速渗透和电子商务的迅速普及，农村居民和农业企业的电商意识不断增强，我国农产品网上零售额稳步攀升，天猫、淘宝、京东、拼多多等头部电商企业和电商平台也加快了农产品电商的布

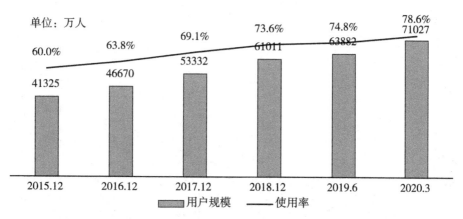

图 1-3　网络购物用户规模及使用率

数据来源：CNNIC《中国互联网络发展状况统计报告》。

图 1-4　手机网络购物用户规模及使用率

数据来源：CNNIC《中国互联网络发展状况统计报告》。

局。根据农业部印发的《全国农产品加工业与农村一二三产业融合发展规划（2016—2020 年）》中的预测，2020 年我国农产品网上零售额将达到 8000 亿元的规模。在消费升级和互联网新兴技术的催化下，一个新的万亿市场正在形成，将对我国的经济社会建设和农业农村发展全局产生重要影响。

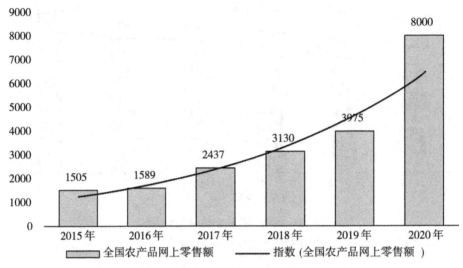

图 1-5 全国农产品网上零售额（单位：亿元）

数据来源：商务部网站。

同时，在农产品物流体系的进一步完善和移动互联网的迅速普及下，农产品的细分市场也出现了一些新的变化。根据商务部对 2018 年我国各类农产品网络零售额的统计中，尽管保质期较长、运输方便的休闲食品仍然占据主要位置，占农产品网络零售总额的约 24%，但水果、豆制品、水产品、蔬菜等生鲜类农产品获得了较为快速的增长，其中水果、豆制品等类别的农产品增速超过了 40%（详见图 1-6），这对于农产品电商平台和企业的未来"发力"方向产生作用。

在现阶段下，我国农产品电子商务显现出以下重要趋势和特征。

第一，政府出台的利好政策不断。农产品电子商务作为推动农业农村发展的新型产业模式，对于促进农产品流通、农民增收、产业扶贫上发挥了重要作用，获得了政府的关注和大力支持。在近几年的中央"一号文件"中，均释放出推动农业农村电商发展的利好信号。2020 年中央"一号文件"提道，要"有效开发农村市场，扩大电子商务进农村覆盖面，支持供销合作社、邮政快递企业等延伸乡村物流服务网络，加强村级电商服务站点建设，推动农产品进城、工业品下乡双向流通"。在政策的支持和推动下，我国农产品电子商务将迎来更为广阔的发展空间。

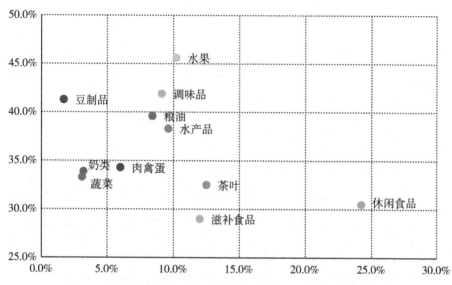

图 1-6 中国各类农产品网络零售额占比及增速情况（2018 年）
数据来源：商务部网站。

第二，电子商务企业的参与性明显增强。农产品电子商务的发展不仅促进了农业农村的发展，也给我国农产品和电子商务市场带来了新的市场空间，越来越多的电商企业和平台也加入了这个市场。据统计，目前我国各种涉农电商平台已达 3 万多个，其中农产品电商平台接近 4000 多个。其中既有天猫、淘宝、京东这样的头部电商平台，也涌现出了美菜网、小象生鲜等一批新兴农产品电商平台，形成了各具特色的发展模式。五大电商平台农产品网络零售情况如图 1-7 所示。天猫平台的农产品网络零售额约为 994.9 亿元，市场份额高达 45.7%，淘宝、京东、拼多多和苏宁分别占比 28.4%、23.8%、1.72% 和 0.45%。

第三，消费者对线上购买农产品的接受程度提高。电子商务已经成为人们的一种生活方式，消费者选择线上购买的商品种类也越来越丰富。尤其是在 2019 年年底到 2020 年年初爆发的新型冠状病毒疫情期间，通过线上购买水果、蔬菜等农副产品已经成为更多人的选择。据相关数据显示，在 2020 年的春节防疫期间，京东到家的全平台销售额同比去年增长 470%，盒马鲜生的日

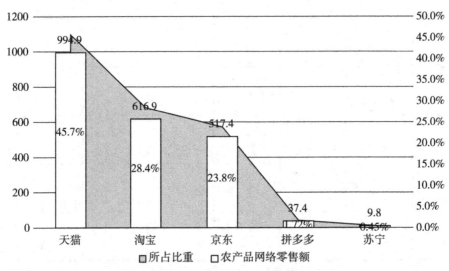

图 1-7 2018 年部分电商平台农产品网络零售情况（单位：亿元）
数据来源：《2019 全国县域数字农业农村电子商务发展报告》。

均供应量也达到了平时蔬菜供应量的 6 倍。① 根据图 1-6 中的数据也可以看出，农产品电子商务中农产品类别的市场集中度正在下降，水果、蔬菜等以往主要在超市、菜市场交易的农产品也开始成为更多消费者的线上选择，消费者对线上购买农产品的接受程度正在不断提高。

第四，消费者越来越关注品质和健康。近年来，食品安全问题频发，消费者对食品安全的意识越来越高，在购买生鲜食品时更加重视产品质量。中国网络消费者协会在 3 月份的调研数据显示，70% 的消费者在购物时优先考虑产品/服务的质量，64.4% 的消费者考虑价格；在生鲜领域，对商品质量的重视表现得更为明显（详见图 1-8），57% 的用户表示在选择生鲜电商平台时最看重食品安全，价格为第二考虑因素，占比约 11.8%。用户对品质和体验的高要求，将促进生鲜平台更加严格地选品、把控供应链、创新经营模式。

3. 食品安全危机四伏

食品安全是世界性难题，是人类共同面临的巨大挑战；食品安全问题已经

---

① 数据来源于搜狐网：《疫情下线上生鲜订单平均涨 5 倍，保证持续稳定供应能力是关键》，https：//www.sohu.com/a/371200251_12167070.

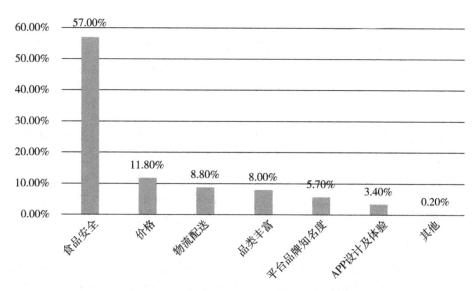

图 1-8　中国生鲜网购用户选择购买平台时最看重的因素（2017 年）
数据来源：中国网络消费者协会《网络诚信与消费者认知调查报告》（略有调整）。

严重影响到人类的生命健康，给社会经济带来了巨大危害。据世界卫生组织发布的数据显示，每年大约全球人口中的10%，即约6亿人患食源性疾病，其中42万人死亡，导致损失3300万健康生命年（WHO，2017）。美国每年有4800万人因食用受污染的食物而患病，其中12.8万人住院，3000人死亡，食源性疾病导致的损失高达约932亿美元（Scharff，2015）。同时，每年全球食品行业因食品假冒伪劣而造成的损失高达300亿—400亿美元（PWC，2016）。近年来，在社会各界的共同努力下我国食品安全总体状况逐步改善，呈现出总体稳定、趋势向好的基本态势。但是，我国食品安全现状依然形势严峻，食品安全问题一直是全社会最关注的问题之一。当前我国食品安全的困境主要集中在几个方面。

第一，生产投入品滥用。自20世纪80年代以来，在发展主义、新自由主义和现代化范式导向的治理思维和发展政策下，工业化农业受到政府的鼓励和推动，并迅速取代延续千年的传统农耕方式（贺聪志、叶敬忠，2015）。其结果是生产者为了追求产量而过度依赖农药、化肥、除草剂和抗生素等化学合成物质。早在20世纪末，我国就已经成为了世界上化肥第一生产大国和第一消费大国。以2005年为例，化肥总用量为4766.2万吨，到2014年增加到5995.9万吨，十年间累计增长了25.8%。目前我国农用化肥单位面积平均施用量达到 434 千克/公顷，是国际公认的化肥施用安全上限（225 千克/公顷）的 1.93 倍。① 化肥的过量使用，导致了食用农产品中硝酸盐、亚硝酸盐、重金属等有害物质残留量严重超标，危害人体健康。同样，我国农药使用量是世界平均水平的 2.5 倍，受农药污染的耕地面积多达 1.36 万亩。此外，农膜和化学添加剂等投入品对食品安全产生的危害同样令人担忧。

第二，生产者数量大，生产规模小，地域分散，监管困难。据农业普查数据显示，截至 2016 年年底，全国共有 2.3 亿户农户，其中 2.1 亿户农业经营户，平均每户承包 0.53 公顷（约 8 亩）地，农户规模小，且分布零散；同时，全国食品生产加工企业有数十万家，其中约 80% 为 10 人以下的小作坊小工厂。② 生产经营主体呈现点多面广，小、散、多等突出特点，对食品安全监管造成了极大的困难。

第三，生产者与消费者之间关系割裂。工业化之前，人们大多过着自给自足的生活，生产与消费重合，城市与乡村紧密相连，食物的生产者与消费者之间彼此熟知，关系密切，两者之间不存在信息不对称问题。工业化之后，大量农村人口移居城市，食物需求越来越大。伴随着工业化和城镇化的不断发展，城市与乡村在空间上逐步分离，相互关联也逐步断裂，相应地，生产者与消费者之间关系也逐渐割裂。当今现代化的食物体系使得生产者与消费者之间的距离越来越远，不仅在空间距离上，在心理距离上也是如此。一方面，消费者不了解生产的真实情况，不信任生产者；另一方面，生产者不知道或者不关心消费者的真正需求，无法与消费者建立良好的互动和信任关系，无法满足消费者的需求。

第四，供应链长，生产环节多，食材来源复杂，管理困难。从种养殖到加工，从流通到销售再到消费，环节多，供应链长。食品原料来自不同的国家和地区，例如，当消费者在享用一块蛋糕时，其配料来源呈现出多元化和国际化，包括中国的植物性奶油、瑞士的可可粉、美国密歇根州的酸樱桃、韩国的精致砂糖、比利时的巧克力。这些给企业、供应链和政府监管者在食品安全管理方面带来了挑战。

第五，社会缺乏诚信，食品安全信心匮乏。社会信用体系未建立，导致食品假冒伪劣和滥用违禁物质等欺诈违法行为泛滥；同时，也导致食品安全谣言

---

① 数据显示，中国每公顷耕地的肥料施用量是全球平均水平的 3 倍（陈志钢等，2019）。
② 数据来源于东方资讯网：《乡村振兴与农民合作社发展》，http://mini.eastday.com/a/190304115720889.html。

的盛行与传播。据相关调查与研究显示，近年我国食品安全谣言占各类网络谣言的45%，96.6%的受访者表示自己曾将食品安全谣言传播给朋友（吴林海，2017）。这种缺乏诚信的环境引起了人们的焦虑和恐慌。

第六，由于技术落后造成的食物浪费会引发新的环境、食物安全问题，甚至影响居民健康。据估计，中国每年大约损失浪费粮食6192万吨、水果2195.7万吨、蔬菜25362.9万吨、肉类1212.1万吨、水产品824.4万吨，占产量的比例分别为12.9%、28.6%、47.5%、17.4%和17.5%（胡越等，2013）。中国科学院地理科学与资源研究所与世界自然基金会公布的数据显示，仅2015年我国城市餐饮食物浪费总量约为1800吨，相当于国家粮食产量的3%，浪费粮食的价值高达2000亿元人民币（张盼盼等，2018）。我国的食物浪费主要是由于技术落后，食物在生产、加工、运输和保存过程中遭到损失或流失严重。由于设施简陋、方法原始、工艺落后，中国农产品产后损失惊人，每年粮食产后损失量达250亿千克，损失率超过8%，而蔬菜损失率则超过20%，远高于发达国家平均损失率。浪费掉的食物不仅会导致资源环境代价（前效应），还会在进入城市环境系统后引发新的环境、食物安全问题，甚至影响居民健康（后效应）（陈志钢等，2019）。

1.1.2 研究意义

新时代，我国的社会主要矛盾已经转化为人民日益增长的美好生活需要和不平衡不充分的发展之间的矛盾。而食品安全问题正是这一矛盾的具体形式之一，其具体表现为：我国已经步入食物消费结构加快转型升级阶段，人民对农产品消费的需求正从"吃饱吃好"向"吃得安全、吃得营养、吃得健康"快速转变（陈晓华，2016）。当前严峻的食品安全问题严重阻碍了我国人民对美好健康生活的追求和向往。

当前，我国食品安全问题依然十分严峻，其产生的原因涉及自然、经济和社会等诸多因素，但究其根本原因在于：信息不对称而导致的机会主义行为，即逆向选择和道德风险。进入互联网时代后，交易行为被日益虚拟化和隐蔽化，这在一定程度上加剧了市场交易中的信息不对称，而与此同时，涌现出的新兴商务模式将有助于形成信誉机制，从而为缓解信息不对称问题提供新的契机。

在网络时代，电子商务突破了对交易行为的时空限制，为人们之间的交易带来了前所未有的便利。与此同时，交易中买卖双方的时空分离（如消费者对卖者及其农产品背后的种植过程、品质和安全一无所知），使得信息不对称问题更容易发生，特别是为卖方的机会主义行为提供了新的空间。

最近几年，通过网络社交媒体从事交易的活动开始兴起，由于人们的社交联系为交易行为提供了信任基础，这种交易模式快速流行起来。由此，社会化电子商务（Social Commerce）作为一种新的交易模式应运而生。简单来讲，社会化电子商务就是社交媒体和电子商务的有机结合，它可以通过互联网、手机APP（如微信）、团购等各种支持用户之间的社会互动的方式和平台实现。与传统的交易方式和一般的电子商务不同，社会化电子商务鼓励消费者之间的分享、推荐、参与等互动，购物成为一个社会性、集体性的活动（Evans，2010）。

此外，销售者在交易前、交易中和交易后都和顾客进行互动。这种消费者之间以及消费者和销售者之间的社会互动，使得交易和其他社会互动交织在一起，从而使得交易关系中融入了朋友、亲戚、同学、同事等各种人际关系，交易关系中所需要的信任得以从情感性人际关系中得以补充和支撑。由此可见，社会化电子商务本质上是一种关系型商务，一次交易之后，交易过程似乎结束了，但卖者与消费者之间的关系远没有终结。与此同时，信誉在社会化商务中的作用将更加凸显，交易行为中的信誉损害所带来的影响将超越交易活动本身，而扩散到其他各种人际交往之中。

因此，社会化电子商务所交易的食品不仅仅具有独特的产品属性，而且，还包括由此衍生的一系列社会关系。社会化电子商务不仅仅是生产者销售他们产品的食品流通体系，而且是构建在关系网络基础之上的食品生产、销售和消费新范式。它建立起了生产者与消费者之间、消费者与消费者之间的联系，实现了生产者与消费者之间即时互动交流，实现双方更直接更快捷的反馈与沟通，重建声誉机制，重构了食品安全信任关系。总之，社会化电子商务为缓解信息不对称问题，加深生产者与消费者之间互信，以及防止交易中的机会主义行为提供了新的途径与激励。

食品安全直接关系着人们的身体健康和生命安全。鉴于此，本书从食品安全治理的视角对社会化电子商务进行剖析和探索，对于促进食品社会化电子商务的健康发展，保障食品安全具有非常重要的理论价值和现实意义。

1. 理论意义

本书通过大量深入的实地调研，基于食品安全治理的视角，运用案例分析和参与式研究方法等对农产品社会化电子商务进行研究，丰富了理论研究的素材和样本。同时，本书运用管理学、经济学和社会心理学等理论对农产品社会化电子商务中的信任机制、声誉机制和口碑效应等进行分析，相关研究能够丰富和完善食品安全管理（农产品质量安全管理）和农产品社会化电子商务（电子商务）等领域中的相关理论。

2. 现实意义

聚焦"食品安全"这一关系到国计民生的重大现实问题，探索解决食品安全问题的新途径，其研究成果可以应用于农产品或食品质量安全管理以及农产品社会化电子商务的实践中，为相关政府部门制定政策提供重要的参考，进而为确保我国农产品质量安全、促进社会经济发展、构建和谐社会提供最基本的保障。

1.2 国内外研究现状

本节将围绕研究主题与目的，从以下几个方面对国内外相关研究文献进行梳理，并予以评述。

1.2.1 质量安全治理与信誉

作为商家传递商品质量的重要信号——信誉（Reputation），亦称声誉，能有效降低消费者在购物过程中的风险和不确定性。信誉机制与法律相比是一种成本更低的维持交易秩序的机制，而且，在许多情况下，法律是无能为力的，只有信誉能起作用（张维迎，2001）。

早期相关研究主要集中在运用经济学理论分析信誉对产品质量的保证作用。Klein 等（1981）认为，信誉机制能提供足够的激励，使生产企业遵守承诺；在其运行中，消费者愿意为高质量的产品支付价格溢价，企业一旦欺骗消费者就会遭受预期未来利润的损失，所以，企业基于长期利益的考虑，不会选择欺骗。Shapiro（1983）在上述研究基础之上，建立质量酬金和价格溢价模型，探讨了无限重复博弈情况下企业信誉的形成机制，并分析信誉机制在保证契约自我实施中的作用，进而得出价格溢价是对企业初始投资信誉的补偿。

信誉机制运用到食品安全治理中是一种颇有效率的制度。信誉机制创设的威慑充分考虑了企业的长期收益，借助无数消费者的"用脚投票"深入作用于企业利益结构的核心部分，因而能够有效威慑企业放弃潜在的不法行为，分担监管机构的一部分执法负荷。然而，信誉惩罚的要义在于信息高效流动，而现代食品行业与公众之间的信息鸿沟使得消费者很难自发形成强有力的信誉机制（吴元元，2012）。

企业的信誉机制可以作为一种降低其道德风险的有效手段，但只在产品是经验品时才能发挥作用。当产品为信任品时，由于消费者购买产品消费后仍无法识别其质量，发现不了企业的机会主义行为，这样企业也就没有建立个体信誉的激励，所以，对于信任品市场需要引入合适的政府规制（Tirole，1988；Caswell、Mojduszka，1996；王秀清、孙云峰，2002）。

在信息极度不对称的食品行业，当消费者对个体企业的诚信缺乏了解或信任时，就只能根据整个行业的集体信誉来判断个体企业是否诚信，这时，行业的集体信誉才是食品质量安全的主要信号（余建宇，2014）。

随着互联网的发展和网上购物的普及，网上交易的信誉研究日益成为一个新的领域。在检验网上交易声誉体系对产品质量的实证研究方面，Jin 和 Kato（2006）发现网上交易信誉体系并非完美无缺，存在质量宣传误导和价格被高抬的现象。通过检查网上销售中产品质量、产品价格、卖方宣传和卖方声誉之间的联系，发现一些买家被在线评级市场中的一些不可信的质量宣传误导，买家支付更高的价格，但是却没有得到更好质量的商品，反而更经常被欺骗。就已完成的交易来看，声誉好的卖家并不能提供质量更好的产品。

更有甚者对网上信誉的有效性提出质疑，认为网上交易的信息交流形式要劣于传统的商业社区的信息交流形式，因为传统商业社区的相互作用的形式增进了长期关系，而且传统商业社区的有关个体的信息是被口耳相传到第三方的，而其中一些第三方是预期未来的交易对手（Bolton，2004）。

总之，信誉机制应用到食品安全或农产品质量安全问题是一种有效的治理机制，只是信誉机制要正常发挥作用，需要满足一些条件。现实中，正是由于有些条件难以很好地被满足，导致信誉机制失效或效果不佳。

1.2.2 社会化电子商务

随着社交媒体和 Web2.0 的深入发展与普及，产生了一个全新的概念——社会化电子商务，亦称社会化商务、社交电子商务或社交电商。该概念于2005 年由 Yahoo 公司提出，随后社会化电子商务实践得到迅猛发展，而社会化电子商务在中国起步稍晚，2011 年才开始实现蓬勃发展。

1. 社会化电子商务概念辨析

社会化电子商务涉及很多学科，包括市场营销、信息科学、社会学和心理学等，不同领域的专家对其有不同的看法。社会化电子商务就是使用最新的互联网技术，基于个人用户或意见领袖的社会化网络自发满足其他用户购买其产品和服务的新模式的电子商务（Dennison，2009）。Benbasat（2010）认为，社会化电子商务实际上是一种协同式的网络购物模式。该模型首先允许不同地区的消费者可以在相同的网络空间中进行通信，并就关于产品和服务交换意见；其次，消费者通过交换意见形成对产品的协同式检查，这将进而影响购买意向的决策。为此，协同式购物网站需要为用户提供导航支持和通信支持。Stephen 等（2010）认为，社会化电子商务是一种社会化媒体模式，消费者可以通过网络形式参与市场、销售产品和服务等环节。Liang 等（2011）认为社会化电子商务是电子商务的扩展，同时，社会化电子商务的发展引申出了一个新的理论需求，例如共同创造和电子口碑等。社会化电子商务应该具有两个基本要素：社会化媒体和商业活动，缺少任何一个条件都不能被称为社会化电子商务。此外，社会化电子商务的研究应该包括四个因素：研究核心、理论基础、研究策略和研究方法。Bai 等（2015）则认为，社会化媒体的互动性是社会化电子商务的主要特征。社会化互动是社会化电子商务的基础，社会化电子商务的核心是社会化互动。

2. 社会化电子商务相关研究

关于社会化电子商务的相关研究主要集中在以下几个方面。（1）社会化商务的模式与发展（Goncalves & Zhang，2013；Hajli，2014）。（2）社会化商务的主要特征与要素（Sood，2012；李红，2012；Huang，2013）。（3）社会化商务的研究框架（Liang & Turban，2012；Hajli，2013；Yadav et al，2013）。（4）社会化商务发展的驱动因素（周涛等，2011；Kim，2013）。（5）社会化商务中消费者行为（Pan et al，2014；Zhang et al，2015；Bai et al，2015）。（6）社会化商务中的信息沟通（张晓飞、董大海，2011；Jiang et al，2014；杨学成等，2015）。

其中涉及产品质量、信誉和信任的研究主要有：Spiller（2009）在对大量网上零售商进行调查研究后，得出产品质量与服务是决定销量以及消费者评价商家信誉度重要指标的结论。Ghose（2010）在用文本对比的同时归纳出影响信誉的几大因素，其中卖家总体评价、产品质量以及客户服务是最重要的三点。Hsiao 等（2010）通过实证研究得出，社会化商务中消费者对推荐的信任会促使消费者产生购买商品的意愿，而对网站的信任则正向影响消费者通过该网站进行购买的意愿；推荐或者口碑是社会化商务很重要的一个方面，将影响消费者对产品的购买决策。Amblee（2011）利用 Amazon 的电子书论坛进行了实证研究，得出社会网络中的信息分享和评论可以作为信誉（产品信誉、品牌信誉、互补品信誉）的信号，影响消费者购买决策；在社会化商务时代，无论对商家还是消费者而言，社会化口碑信息是最重要的、首要的参考，而且，社交网络的信息性支持在消费者购物过程中充当着社会化产生的信誉信号，是影响最终决策的最重要的因素之一。Kim 等（2013）研究了信誉、市场份额、信息质量、交易安全性、沟通、经济可行性以及口碑推荐等关键要素对顾客在社会化商务中的购买行为和口碑行为的作用。结果发现，除了经济可行性之外，其他社会化商务特征均显著影响顾客信任，而信任又显著影响信任绩效——购买行为意向和口碑意向。

Liu 和 Sun（2014）通过研究了解到商家信誉判断系统存在较大弊端，因为参与用户个体的不同，评价的真实性无法得到保障，加上用户自身信誉程度各有不同，导致用户生成评价可信度不高，容易引发欺诈行为的发生。Hajli（2015）从社会化电子商务的结构（Social Commerce Constructs）——等级和评论、推荐和介绍、论坛和社区三个方面分析消费者的信任和购买意愿，并基于TAM（Technology Acceptance Model）模型的实证研究表明：社会化电子商务的结构能够显著提升消费者的信任和购买意愿。Amblee 和 Bui（2016）分析社会化商务背景下，网络口碑（EWOM）对商家信誉的影响；EWOM 是影响消费者作出购买决策的关键原因，是不同用户相互沟通交流、留下信息传递的途径；消费者通过其他客户的网络评价去感知产品好坏和信誉度，从而决定是否购买产品。

3. 社会化电子商务在食品领域的应用

张民和何忠伟（2012）详细讨论了社会化电子商务的主要类型：社会化购物分享系统在食品领域中的应用，探明社会化电子商务的概念、分类、特征、盈利模式分析、未来的发展趋势以及在食品领域的应用背景，着重研究食品类社会化购物分享系统的技术架构、功能模块、营销模式以及对农产品推广产生的积极意义。Scuderi 和 Sturiale（2015）分析数字经济的发展以及企业对消费者模式的变化。以意大利生产的食品为例，通过一项具体的调查，分析农产品从"电子商务"向"社会化电子商务"演变的最新技术，该调查包括两个相辅相成的阶段，既与在线企业有关，也与网络消费者有关。胡倩等（2017）以刺激-机体-反应理论和社会交换理论为基础，建立一个社会化电子商务环境下水果消费者购买决策模型，分析社会化商务特性对社会支持和购买意愿的影响机理。实证研究发现：交互性、黏性和口碑推荐对信息支持和情感支持都有积极的影响，其中口碑推荐的影响最大。信息支持和情感支持对购买意愿有重要的促进作用，且存在部分中介效应。研究揭示了社会化商务特性对购买意愿影响的内在作用机制。郭金沅和林家宝（2018）基于刺激-机体-反应理论，构建了一个社会化电子商务环境下有机食品消费者重复购买决策模型，探讨社交媒体特征和有机食品特征对功利价值、享乐价值和重复购买意愿的影响。实证结果显示：交互性、推荐和反馈是社交媒体特征的重要成分，食品安全和生态友好是有机食品特征的关键要素。社交媒体特征和有机食品特征对功利价值和享乐价值都有积极的影响，其中社交媒体特征的影响更为显著。与享乐价值相比，功利价值在重复购买意愿中的作用更大。Tariq 等（2019）研究了中国社会化电子商务中消费者对有机食品的态度对网络冲动购买行为的影响，以及三个网站特征（视觉、信息和导航设计）对这种关系的调节作用。

1.2.3　研究评述

电子商务已经发展数十年，而社会化电子商务也已经发展十多年，经过一段时间的实践和学术研究的积累，无论在理论上、视角上还是在研究方法上，社会化电子商务研究领域的方方面面都取得较大的进展，积累了很多研究成果。但是，通过对已有相关文献的梳理和分析可以发现，以食品或农产品社会化电子商务为主题的研究非常少，尽管这方面的实践比较多，而从食品安全的角度研究社会化电子商务的文献则更少。

因此，本书在前人的研究基础之上，选取农产品社会化电子商务为研究对象，从食品安全治理的视角，探索社会化电子商务在加深生产者与消费者之间互动互信，缓解信息不对称问题，重建信誉机制，以及促进替代性食物体系发展等方面的作用，寻求从根本上解决食品安全问题的新途径和新方法。

1.3　研究思路与主要内容

1.3.1　研究思路

本书按照"问题提出—作用机理—调研实践—对策建议"的思路展开，以食品安全问题的根源和社会化电子商务发展的现状为出发点，围绕"社会化电子商务环境中食品生产者与消费者如何重建信任关系，如何发挥信誉机制的作用，如何应用新技术推动社会化电子商务发展，如何探索替代性食物体系发展"等一系列问题,进行调研和分析,并通过实践来对相关问题进行检验。最后,结合我国经济社会发展现状,提出相应的对策建议。

1.3.2　研究内容

本书的主要研究内容如下。

第一章:阐述研究背景与意义,对相关研究进行梳理和评述,介绍研究思路和研究方法等。

第二章:先阐述电子商务、社会化媒体和社会化电子商务等相关概念及其内涵,然后对相关的社会网络、声誉机制、电子口碑、社会心理学等理论进行简单介绍。

第三章:从社会化电子商务发展现状、社会化电子商务发展历程和社会化电子商务发展中存在的问题等方面进行介绍和分析。

第四章:从社会化电子商务的特征、模式和典型案例三个方面对社会化电子商务的运行机制进行分析。

第五章:首先分析食品安全问题的根源,并进行反思,在此基础上,分析了社会化电子商务对现代食品体系带来的冲击,以及在解决食品安全问题方面所发挥的作用。

第六章:以蔽山农场的实践为案例,介绍社会化电子商务的运作流程,消费者与生产者之间的良性互动及其食品安全信任的建立,以及存在的问题。

第七章:介绍食物社区 O2O+C2B 模式、CSA 模式和区块链技术等国内外新模式和新技术——"他山之石,可以攻玉"。

第八章:总结、对策与建议。

1.4　研究方法与创新点

1.4.1　研究方法

本书采用的主要研究方法如下。

(1)文献综述法。对国内外相关文献进行搜集、整理和分析。以专业著作、期刊、互联网等为主要资料来源展开分析。

(2)参与式研究法。参与式研究方法(Participatory Approach)是通过参与到研究对象的现实背景中,使研究者能够更直接、客观、准确、深入地观察与研究的一种方法,是一种知行并举的研究方法。笔者 2015 年开始投身于农产品质量安全与社会化商务相结合的实践，积极参加一家小型生态养殖型农场（约 350 亩）的建设，并利用微信和 QQ 等社交工具，在项目申请人所在的社会网络（社区、同学、同事等）中进行销售，成功销售各类生鲜农产品，并形成了安全健康的良好声誉。笔者既是销售者也是消费者，同时也是研究者，并全程参与该社会化商务活动，这些为本书提供了难得的实践经验、研究素材和数据。

（3）实地调研法。选取部分社会化电子商务企业或平台、电子商务产业园、食品生产企业和农户，对其进行深入调查，与相关人员访谈，了解其发展现状、存在问题、制约条件和突破方向等。

（4）案例分析法。案例分析方法亦称为个案分析方法或典型分析方法，是对有代表性的事物（现象）深入地进行周密而仔细的研究，从而获得总体认识的一种科学分析方法。本书选取拼多多、小红书、阿里集市和每日一淘等为典型案例进行分析。

1.4.2　研究创新点

本书在研究视角和研究方法两个方面有所创新，其创新之处体现在：基于食品安全治理的视角，主要运用参与式研究等方法，通过实践与调研，研究农产品社会化电子商务对生产者、消费者以及他们之间关系的影响，分析农产品社会化电子商务在食品安全治理中的作用。

1.5　小结

本章先从我国互联网与农产品电子商务发展迅猛的现状以及食品安全的严峻形势切入，从理论和实践的角度阐述了本书的意义与价值。然后，对相关研究文献进行综述，并简单概述了主要研究内容和研究思路。最后，对所涉及的主要研究方法和可能的创新之处进行介绍。

第 2 章　相关概念与理论基础

本章先对涉及社会化电子商务相关的主要概念及其内涵进行阐述，然后，重点介绍声誉机制、社会网络理论、六度分割理论、电子口碑营销和社会心理学理论等的发展和核心观点，以此为后续分析社会化电子商务发展历程、现状、模式，及其增强食品安全信任等奠定基础。

2.1　相关概念及内涵

社会化电子商务相关概念及内涵如下。

1. 电子商务

电子商务（E-Commerce，E-Business）是以信息网络技术为手段，以商品交换为中心的商务活动，即对整个贸易活动实现电子化。电子商务在不同的领域有不同的定义，但其关键是依靠着电子设备和网络技术进行的商业模式。随着电子商务的高速发展，它已经不仅仅包括其购物的主要内涵，而且，还包括物流配送等附带服务。电子商务包括电子货币交换、供应链管理、电子交易市场、网络营销、在线事务处理、电子数据交换（EDI）、存货管理和自动数据收集系统。在此过程中，利用到的信息技术包括：互联网、外联网、电子邮件、数据库、电子目录和移动电话等。

电子商务有广义和狭义之分，广义的电子商务就是使用各种电子工具从事商务活动，而狭义的电子商务就是主要利用 Internet 从事商务或活动。无论是广义的还是狭义的电子商务的概念，电子商务都涵盖了两个方面：一是离不开互联网这个平台，没有了网络，就称不上为电子商务；二是通过互联网完成的是一种商务活动。

从技术方面来看，电子商务是一种多技术的集合体，包括交换数据（如电子数据交换、电子邮件）、获得数据（共享数据库、电子公告牌）以及自动捕获数据（条形码）等。从涵盖的业务来看，电子商务业务包括信息交换、售前售后服务（提供产品和服务的细节、产品使用技术指南、回答顾客意见）、销售、电子支付（使用电子资金转账、信用卡、电子支票、电子现金）、组建虚拟企业（组建一个物理上不存在的企业，集中一批独立的中小公司的权限，提供比任何一个单独公司更多的产品和服务）。

2. 社会化媒体

社会化媒体（Social Media），也称为社交媒体，是指人、社区和组织之间通过相关联系、相互依存的网络进行在线交流、传递信息、合作和增进联系的方式，是人们用来创作、分享、交流意见、观点及经验的虚拟社区和网络平台。现阶段主要包括博客、论坛、播客等。① 社会化媒体和一般的社会大众媒体最显著的不同在于：其让用户享有更多的选择权利和编辑能力，自行集结成某种阅听社群。社会化媒体能够以多种不同的形式来呈现，包括文本、图像、音乐和视频。

社会化媒体是大批网民自发贡献，提取，创造新闻咨询，然后传播的过程。社交媒体在互联网的沃土上蓬勃发展，爆发出令人炫目的能量，其传播的信息已成为人们浏览互联网的重要内容，不仅制造了人们社交生活中争相讨论的一个又一个热门话题，进而更是吸引了传统媒体争相跟进。随着科技、商业和大数据的发展，用户生活娱乐的方式逐步更替，社会化媒体已经从博客、论坛等 Web1.0 产品跨越到移动社交：微博、微信、直播等，再到如今的内容社区、内容社群、社交媒体 3.0、社交 App。

总之，社会化媒体是一种促进沟通的在线媒体，人们在这类在线媒体上谈话、参与、分享、交际和标记。所有的社会化媒体都是围绕着关系建立社交网络，依赖技术，并建立在分享参与的基础之上。

3. 社会化媒体营销

社会化媒体营销（Social Media Marketing），也称为社会化营销或社交营销，是指使用社会化媒体技术、渠道和软件来创造、沟通、传递和交换能为组织的利益相关者带来价值的产品和服务的活动。一般社会化媒体营销工具包

---

① 在中国，传统的博客（Blog）主要是从 2000 年开始流行，目前网易博客和新浪博客等平台已经停止了注册和服务。2018 年 Vlog（中文名微录，别名视频日志、视频记录）概念逐渐进入中国，虽然也是博客的一种，但是与 Blog 还有较大差别。另外，现阶段新浪微博和腾讯微信影响力比较大。

括：论坛、微博、微信、博客、SNS 社区、图片和视频通过自媒体平台或者组织媒体平台进行发布和传播。①

社会化媒体营销以信任为基础的传播机制，以及用户的高主动参与性，更能影响网民的消费决策，并且为品牌提供了大量被传播和被放大的机会。社会化媒体用户黏性和稳定性高，定位明确，可以为品牌提供更细分的目标群体。社会化媒体营销的市场仍在不断扩大，它不再是朋友们共享的场所，而成为了一种全新的商业竞争模式。其主要优点包括以下几点。

第一，可以满足企业不同的营销策略。作为一个不断创新和发展的营销模式，越来越多的企业尝试着在社交网站上施展拳脚，无论是开展各种各样的线上活动（例如：悦活品牌的种植大赛、伊利舒化奶的开心牧场等），产品植入（例如：地产项目的房子植入、手机作为送礼品的植入等），还是市场调研（在目标用户集中的城市开展调查了解用户对产品和服务的意见），以及病毒营销等（植入了企业元素的视频或内容可以在用户中像病毒传播一样迅速地被分享和转帖），所有这些都可以实现，因为 SNS 最大的特点就是可以充分展示人与人之间的互动，而这恰恰是一切营销的基础所在。

第二，可以有效降低企业的营销成本。"多对多"的信息传递模式具有更强的互动性，受到更多人的关注。随着网民网络行为的日益成熟，用户更乐意主动获取信息和分享信息，社区用户显示出高度的参与性、分享性与互动性。社会化媒体营销传播的主要媒介是用户，主要方式是"众口相传"。因此与传统广告形式相比，其无须大量的广告投入，相反，因为用户的参与性、分享性与互动性的特点，社会化媒体营销很容易加深用户对一个品牌和产品的认知，容易使其形成深刻的印象。从媒体的传播价值来分析，社会化媒体营销可以形成好的传播效果。

第三，可以实现目标用户的精准营销。社会化媒体营销中的用户通常都是认识的朋友，用户注册的数据相对来说都是较真实的。企业在开展网络营销时可以很容易地对目标受众按照地域、收入状况等进行用户的筛选，来选择哪些是自己的用户，从而有针对性地与这些用户进行宣传和互动。如果企业营销的

---

① SNS（Social Networking Services），即社会性网络服务，专指旨在帮助人们建立社会性网络的互联网应用服务。在互联网领域 SNS 有三层含义：服务（Social Network Service）、软件（Social Network Software）、网站（Social Network Site）。Social Network Service 为社交网络服务，包括硬件、软件、服务及网站应用，因此，人们习惯上用社交网络来代指 SNS（包括 Social Network Service 的三层含义），用社交软件代指 Social Network Software，用社交网站代指 Social Network Site，即 SNS 包括社交软件和社交网站。

经费不多,但又希望能够获得一个比较好的效果时,可以只针对部分区域开展营销,例如只针对北、上、广的用户开展线上活动,从而实现目标用户的精准营销。

第四,真正符合网络用户需求。社会化媒体营销模式的迅速发展恰恰是符合了网络用户的真实需求。参与、分享和互动,它代表了网络用户的特点,也符合网络营销发展的新趋势,没有任何一个媒体能够把人与人之间的关系拉得如此紧密。无论是朋友的一篇日记、推荐的一个视频、参与的一个活动,还是朋友新结识的朋友都会让人们在第一时间及时地了解和关注到身边朋友们的动态,并与他们分享感受。只有符合网络用户需求的营销模式才能在网络营销中帮助企业发挥更大的作用。

4. 微商

微商是基于移动互联网的空间,借助于社交软件为工具,以人为中心,社交为纽带的新商业。它是继传统电子商务之后最新兴起的一种网络商业模式,其以微信、微博、QQ、微商城(微店)为载体,以移动智能终端为硬件基础,借助社交关系开展产品及服务的营销。微商是以小众群体或个体为导向去构建的一种个人商业化进程,即开发个人资源或者说是朋友圈,通过积累的个人小众群体去销售产品,再利用移动自媒体裂变特性使产品销售达到自主化、定向化、无限化传播,最终达到产品销售最大化和市场渗透及占有的目的。

微商具有多种分类,主要是以经营方式和产品作为分类依据。一般微商主要按经营方式分为以下几种。

(1)微商城,主要是借助微信公众号,微信朋友圈和微博等媒介推送微店和微商城的产品。交易均通过微店和微商城进行,属于比较有保障的模式。

(2)微分销,主要是一些比较纯粹的单品或者简洁实用的商品,拥有自主品牌,具备快消品属性。该种类微商主要以招募代理实现层级铺货进行分销。此种方式多为美容护理方面产品采用。

(3)微连锁,属于是O2O模式,线上线下结合,以实体店加盟的形式参与微营销。

(4)微代购,这个与电商代购大致一致。

总之,微商就是通过微信、微博等互联网社交平台进行商品线上分销的商业活动,是一种社会化分销模式。其商业逻辑是基于朋友之间的熟人关系建立起来,将朋友间的消费信任转化为商业价值。

5. 社会化电子商务

社会化电子商务（Social Commerce），也称为社交化电子商务、社会化商务、社交电商等，即在社交媒体情境下借助社交网站、社交媒介、网络媒介等传播途径，利用社交媒体技术进行人际关系、商业信息流的互动，通过社交互动、用户自生内容等手段来辅助商品的购买和销售行为的新型电子商务。如图2-1所示，社交化电子商务是社会化媒体与电子商务的深度融合，人们可以通过社会化媒体渠道和传统电子商务渠道找到所需购买的商品的网页链接，然后进一步进行电子商务活动。

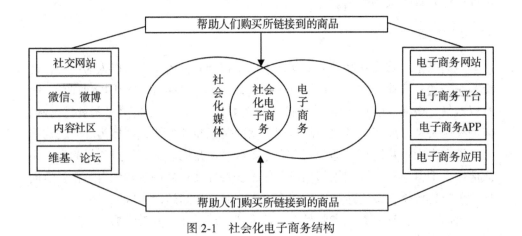

图 2-1　社会化电子商务结构

第一，社会化电子商务的起源。20 世纪 70 年代，互联网（Web1.0）的出现，以及随后其在 20 世纪 90 年代的商业化，对我们的日常生活产生了越来越大的影响，这些为社会化电子商务的产生奠定了基础。随着技术的发展和后续基础设施投资的增加，Web2.0 诞生，同时，电子商务也相应地得到了很好的发展机会，这也使得亚马逊在 1995 年推出了第一本在线购买的图书。而社会化电子商务最早可以追溯到 20 世纪 90 年代后期（Curty 和 Zhang，2011；Friedrich，2015）。类似地，对社会化电子商务的研究同样可以追溯到 20 世纪 90 年代末，然而，这一研究领域的爆炸性增长始于 2004 年，也就是 Facebook 和许多其他社交媒体网站成立的同一年（Lin 等，2017）。

第二，社会化电子商务的定义。社交媒体和 Web2.0 导致了社会化电子商务的出现，并促进了从电子商务中典型的产品导向平台向以客户为导向的平台的转变。2005 年 12 月，雅虎（Yahoo!）首次提出社会化"电子商务"这一术语，他们在自己的在线平台上创建了一个功能，允许终端消费者创建、共享和评论产品列表。

对于社会化电子商务的定义，学者们众说纷纭。社会化电子商务可以被视为一个交叉学科，它涉及商业模式和战略、消费者和组织行为、社交网络技术、分析技术、系统设计、商业实践、研究方法以及对商业价值的前瞻性和回顾性评估（Zhou 等，2013）。很多学者认为社交化电子商务是电子商务的一种新形式，是电子商务在社交媒体、社交网络服务方面上的延伸。Kang 和 Park（2009）也倾向于认为社交化电子商务是电子商务的一种新形式，但社交化电子商务更多地强调用户进行讨论、评价商品或服务的可能性。Afrasiabi Rad 和 Benyoucef（2011）认为社交化电子商务是基于极具个性化和互动性的社交关系的特殊形式的电子商务。

同时，另一些学者认为社交化电子商务是利用社交媒体技术影响用户作出购买决策的过程，侧重点在于社交媒体技术给商务活动带来的影响。Marsden（2010）认为社交化电子商务利用社交媒体技术促使用户与商家间的交互，从而改善用户的购物体验。Cecere（2010）也认为通过多种多样的社交媒体技术，社交化电子商务可以优化并提升用户的购物体验，促使用户通过社交平台购买到心仪的商品或服务。宗乾进（2013）认为社交化电子商务就是在社交化媒体情境下，通过整合社交图谱（基于人际关系的互动）和兴趣图谱（基于信息流的互动）来对产品或服务进行推广和销售的一种商务模式。Zhang 和 Benyoucef（2016）认为，社会化电子商务就是将社交媒体与商业活动结合起来。这意味着社交网站，比如 Facebook，包含了更多的社交功能（分享、评论和互动），而这些功能将其与电子商务区分开来，即社会化电子商务是以社交网站为媒介的，而不仅仅是像电子商务那样以电子平台为媒介。学界对社会化电子商务的定义如表 2-1 所示。

表 2-1　　　　　　　　　　　　　　社会化电子商务的定义

作　者	定　义
Stephen 和 Toubia（2010）	一种基于互联网的"社交媒体"，它允许人们在网上市场和社区积极参与产品和服务的营销和销售。
Shen 和 Eder（2011）	一种技术支持的购物体验，其中购物时的在线消费者交互为社交购物活动提供了主要机制。

续表

作者	定　义
Wang 和 Zhang（2012）	以社交媒体为媒介的一种商务形式，并融合了线上和线下的环境。
Dohoon Kim（2013）	电子商务的一个子集，使用社交媒体，支持社交的在线媒体互动和用户贡献，增强在线购买体验。
Dar 和 Shah（2013）	指在电子商务甚至移动商务环境下使用社交网络。
Zhou 等（2013）	使用基于互联网的媒体，使人们能够参与在线和离线市场以及社区中产品和服务的营销、销售、比较、策划、购买和分享。
Hajli（2014）	借助社交媒体，通过与客户建立更紧密的关系、改善关系质量、增加销售和鼓励对企业的忠诚度，从而有利于供应商的交易。
Wu 等（2015）	可以定义为应用于电子商务的口碑，它比在线市场更具社交性、创造性和协作性。
Busalim 和 Hussin（2016）	结合社交活动和商业活动。
Lin 等（2017）	涉及多种商业活动，能够帮助消费者进行购买前的产品评估、购物决策和购买后的行为。

6. 用户生产内容

用户生产内容（User Generated Content，UGC）的概念最早起源于互联网领域，即用户将自己原创的内容通过互联网平台进行展示或者提供给其他用户。UGC 伴随着以提倡个性化为主要特点的 Web2.0 兴起。UGC 并不是某一种具体的业务，而是一种用户使用互联网的新方式，即由原来的以下载为主变成下载和上传并重；用户将在互联网平台上展示自主生成的内容，或将其提供给其他用户。UGC 主要通过网络社区内的交互性，为用户提供搜寻产品信息的便捷、互动的乐趣，以及获得其他用户的认可，提升自身的地位。2007 年世界经济合作与发展组织（Organization for Economic Co-operation and Development，OECD）的报告中描述了 UGC 的三个特征：以互联网出版为前提、内容要有一定程度的创新性、非专业人员或权威组织创作。

众所周知的 YouTube、MySpace、新浪微博以及腾讯微博等都是 UGC 的成功案例，社交网络、微博博客等都是 UGC 的主要运用形式。现如今各大电子商务平台也都借助 UGC 来提高用户的黏性，任何一个使用移动互联网产品的企业都在尝试从 UGC 中汲取经验，因为各个产品具有不同的特性，这需要根据产品的特点做好运营模式，进而提升用户黏性。

电子商务平台都在借助正在使用中的用户所生成的内容为自身平台服务，然而，用户生成的内容没有直接导致每笔交易的成功，其中，中间环节中的用户之间的交互行为，让用户产生一定程度的心理影响，进而影响了消费者的购买行为。电子商务平台的社区用户不会像微信朋友圈那样经常在社区发布信息，当网购用户在收到所购买的物品之后，其流程基本就已经结束了，大多数用户在社区平台上也没有时间频繁地分享各种信息。那么产品运作人员对于社区的管理和维护是必要的，通过各种方法来吸引新用户购买这些产品，提高与原有用户的交互频率，使社区变得更加活跃，最终实现销售的目的。因此，社会化电子商务平台需要这种通过对用户心理的分析，使用户对话题感兴趣，而且，吸引用户产生互动行为的优秀产品运作人员来管理和规范社区，也提升了社区活力。

7. 专业生产内容

专业生产内容（Professional Generated Content，PGC）是专业制作内容（视频网站）和专家制作内容（微博）的互联网术语，即内容的个性化、视角的多样化、传播的民主化和社会关系的虚拟化。大多数专业视频网站使用 PGC 模式，因为该模式分类更加专业，内容质量也更加有保障。目前的电子商务媒体，尤其是高端媒体，也使用 PGC 模式，其内容设置和产品编辑都非常专业。PGC 生态系统是一套从内容制作，内容推广，品牌形成，粉丝聚集等生态闭环，到最终内容品牌得到粉丝的支持和自我推销。PGC 生态系统更专注于 PGC 内容合作伙伴的原始品牌。

此外，PGC 与 UGC 之间的区别在于，是否具有专业的学识、资质，以及在所共享内容的领域具有一定的知识背景和工作资历。

8. 虚拟社区

根据《韦氏词典》的定义，社区（Community）是一个由人组成的统一体，他们有共同的兴趣、地理位置、经历、职业，或共同关心的政治和经济问题。相应地，虚拟社区（Virtual Community）亦称线上社区（Online Community），是指素不相识而有相似目的的人以网络空间互动沟通为主要手段建立关系、分享知识、享受乐趣或进行经济交易而形成的群体（Gupta 和

Kim，2004）。作为社区在虚拟世界的对应物，虚拟社区为有着相同爱好、经历或专业相近、业务相关的网络用户提供了一个聚会的场所，方便他们相互交流和分享经验。从营销的角度，可以把虚拟社区粗略地理解为在网上围绕着一个大家共同感兴趣的话题相互交流的人群，这些人对社区有认同感，并在参加社区活动时有一定的感情投入。

虚拟社区至少具有四个特性：第一，虚拟社区通过以计算机、移动电话等高科技通信技术为媒介的沟通得以存在，从而排除了现实社区。第二，虚拟社区的互动具有群聚性，从而排除了两两互动的网络服务。第三，社区成员身份固定，从而排除了由不固定的人群组成的网络公共聊天室。第四，社区成员进入虚拟社区后，必须能感受到其他成员的存在。

随着虚拟社区的不断普及，人们开始大规模使用互联网传输信息和聊天。同时，一些行业性论坛和网站开始出现。一种基于用户相互推荐的消费型互联网社区模式开始出现，用户可以在虚拟社区中了解产品的相关信息，在共同兴趣的用户或者意见领袖的推荐下产生购买意愿。例如：现在流行的海淘App——小红书，就是一个典型的消费型虚拟社区，小红书有上千万名的用户，每天有近亿次的页面访问量。随着用户购买需求的不断变化，这种消费推荐制的虚拟社区越来越受用户的青睐。

简而言之，虚拟社区是一种网络空间，其中的人们与志趣相投的人交流，同他们保持互助的友好关系，赋予其线上活动以一定的意义。

2.2 相关理论

1. 声誉机制

声誉（Reputation）亦称信誉，是"在社会上流传的评价"，即大众对某个交易者的综合评价，是一个交易者在交易环境中给其他交易者所留下的好的或坏的印象。声誉是信任的重要依据，是影响信任的重要因素。人们会根据行为主体的声誉决定是否给予信任并与之合作。如果一个期望合作的行为主体知道人们会根据声誉来作出信任与否的决策，那么，该行为主体将会注重其在每一次交易中的表现，并表现出诚实守信与符合道德，以便建立和维护自身的声誉。因此，声誉可以理解为为了获得交易的长远利益而自觉遵守合约的承诺（张维迎，2002）。而声誉机制的基本原理就是，声誉的建立和维护是一种不需要外界强制而能够自我实施或自觉执行的过程（Kreps 和 Wilson，1982；Milgrom，1982）。

张维迎（2003）认为，声誉机制的核心在于，当事人为了合作带来的长远利益，愿意抵挡欺骗带来的一次性眼前好处的诱惑，并将声誉机制发生作用的条件概括为四点。

第一，博弈必须是重复的，或者说，交易关系必须有足够高的概率持续下去，即交易必须是重复的、长期的交易关系。如果交易关系只进行一次，当事人在未来没有赌注，放弃当期收益就不值得，信誉就不会出现。

第二，当事人必须有足够的耐心。一个人越有耐心，就越有积极性建立声誉；一个只重视眼前利益而不考虑长远的人是不值得信赖的。

第三，当事人的不诚信行为能被及时观察到。一般地，信息观察越滞后，声誉的建立越困难。一个高效率的信息传递系统对声誉机制的建立具有至关重要的意义。一个信息流动缓慢的社会，一定是一个声誉贫乏的社会。

第四，当事人必须有足够的积极性和可能性对交易对手的欺骗行为进行惩罚。"以牙还牙，以眼还眼"不仅不是不道德的行为，而且是维护社会信用制度必不可少的手段。过分原谅欺骗行为本身就是不道德的行为。为了使声誉机制发挥作用，该惩罚而没有采取惩罚措施的人必须受到惩罚。

由于网上交易的匿名性和开放性等客观特性，同时，网上交易与网下交易相比，存在着严重的囚徒困境和逆向选择问题（Baron 和 David，2000），因此，相比网下交易，网上交易中卖家的信誉更为重要。信誉是对卖方历史行为的一个记录，在网上交易市场中，其是通过具体数值来显示的，它是历史交易中买方对卖家的评价，是将信誉量化的最直接手段（Dellarocas，2002）。Resnick（2000）将网上信誉机制定义为在网络环境下的一种通过对交易者历史行为的收集、计算、公布的反馈行为，从而激励交易双方的合作，促进网上信任的管理机制，其实质是通过对交易双方的历史反馈形成评分，从而形成一种反应商业信誉的信息，影响潜在交易者的信任。其旨在帮助在网络交易中建立并维护用户之间的信任关系，鼓励交易双方进行诚实交易行为，抑制网络交易中的恶意行为，从而保证网络交易的有序进行。

在 Web2.0 技术下的社交媒体时代，用户倾向于信任那些作为知识和信息来源的其他用户。很多社交媒体平台的活跃参与者并没有报酬，然而，他们却收获了其他用户的尊敬和认可（用注意力与信任传播作为回报）。这种正面的反馈构建了一种声誉经济①，即人们交换的价值除了可以用货币衡量，还可以用尊重衡量。当人们在作购买决策时，会考虑其他人给出的排名和评价，例如，Amazon 评论、eBay 的声誉排行榜，以及其他类似形式的集体评分都可以作为人们可以信任的在线信用分数。

2. 社会网络理论

为了更好地理解社会化电子商务，需要对社会网络理论及分析方法有个简单了解。社会网络理论发端于 20 世纪 30 年代，成熟于 20 世纪 70 年代，并逐渐形成了一套系统的理论、方法和技术，成为一种重要的社会结构研究范式，而且广泛应用于商业研究领域。

第一，社会网络的含义。英国著名的人类学家拉德克利夫·布朗首次使用"社会网络"概念，并将其定义为一种特殊的社会关系，是一群特定个体之间的一组独特联系，这种关系表现为一种持久的稳定的交往。Wellman（1988）认为，"社会网络是由某些个体间的社会关系构成的相对稳定的系统"，即把"网络"视为是联结行动者的一系列社会联系或社会关系，它们相对稳定的模式构成社会结构。随着应用范围的不断拓展，社会网络的概念已超越了人际关系的范畴，网络的行动者既可以是个人，也可以是集合单位，如家庭、部门、组织。社会网络与知识、信息等资源的获取紧密相关。网络成员有差别性地占有各种稀缺性资源，关系的数量、方向、密度、力量和行动者在网络中的位置等因素，影响资源流动的方式和效率。

互联网背景下的社会网络，是指在互联网中依托于社交网络服务（Social Network Services），由大量网络个体基于不同目的所建立的网络社区。社区中的个体可以通过文字、图像、语音和视频等方式交互信息，并且通过分享信息、开展讨论和组织活动等方式建立和巩固相互间的联系。社交网络服务是由

---

① 《信誉经济：大数据时代的个人信息价值与商业变革》一书提道，信誉的影响正变得比以往更加强大。随着数字技术的迅速发展，不管你喜欢与否，你的信誉将变成永久性的，变得无所不在，并为全世界所知。不论你知悉与否、同意与否，无论走到哪里，其他人都能够即刻获取你的信誉信息。这远远超出了所谓的"大数据"（Big Data）。大数据是海量数据被采集并存储的趋势，而"信誉经济"（Reputation Economy）这一新概念依赖于我们所说的"大分析"（Big Analysis），即能够从海量数据采集中获取关于个人的预测并将其转化为行动的新体系。这些行动可能包括了拒绝给你贷款，给你一个哪怕没有贴出过广告的工作面试机会，甚至是被潜在的约会对象拒于门外。所有这些行动都基于你的信誉——它正以各种眼花缭乱的方式被数字化、网络化。

网络公司向互联网用户提供的社交网络功能的载体，其形式有传统的网站形式，也有移动互联网时代的形式。目前流行的社交网络服务有微博、微信、人人网、QQ 空间、陌陌、Facebook、Twitter、Myspace 和 Google+，等等。不同的社交网络服务针对不同的用户需求而研发，因而发展出了不同的风格和特点。

第二，社会网络理论的主要内容。其详细内容包括以下几点。

① 强联结与弱联结[①]。社会网络的节点依赖联结产生联系，联结是网络分析的最基本分析单位。Granovetter（1973）最先提出联结强度的概念，将联结分为强弱联结两种，从互动的频率、感情力量、亲密程度和互惠交换四个维度来进行区分。强联结和弱联结在知识和信息的传递中发挥着不同的作用。强关系是在性别、年龄、教育程度、职业身份、收入水平等社会经济特征相似的个体之间发展起来的，而弱关系则是在社会经济特征不同的个体之间发展起来的。群体内部相似性较高的个体所了解的事物、事件经常是相同的，所以通过强关系获得的资源常是冗余的。而弱关系是在群体之间发生的，跨越了不同的信息源，能够充当信息桥的作用，将其他群体的信息和资源带给本不属于该群体的某个个体。

弱联结是获取无冗余的新知识的重要通道，但是，资源不一定总能在弱联结中获取，强联结往往是个人与外界发生联系的基础与出发点。网络中经常发生的知识的流通往往发生于强联结之间。强联结包含着某种信任、合作与稳定，而且较易获得，能传递高质量的、复杂的或隐性的知识。过于封闭的强联结将限制新知识的输入，禁止对已有网络外部新信息的搜索，使拥有相似知识和技能的行动者局限在自己的小圈子当中。

② 社会资本理论。法国社会学家 Bourdieu（1980）首先提出"社会资本"概念。其后，Coleman（1988）认为社会资本指个人所拥有的表现为社会结构资源的资本财产。它们由构成社会结构的要素组成，主要存在于社会团体和社会关系网之中。个人参加的社会团体越多，其社会资本越雄厚；个人的社会网络规模越大、异质性越强，其社会资本越丰富；社会资本越多，摄取资源的能力越强。不仅个人具有社会资本，企业也有"企业社会资本"，通过联结摄取稀缺资源的能力就是企业的社会资本。由于社会资本代表了一个组织或个体的社会关系，因此，在一个网络中，一个组织或个体的社会资本数量决定了其在网络结构中的地位。

---

① 强联结与弱联结亦称强关系与弱关系，联结（Tie）也称关系。

③ 结构洞理论。美国学者 Burr 于 1992 年提出了结构洞的概念。无论是个人还是组织，其社会网络均表现为两种形式：一是网络中的任何主体与其他主体都发生联系，不存在关系间断现象，从整个网络来看就是"无洞"结构。这种形式只有在小群体中才会存在。二是社会网络中的某个或某些个体与有些个体发生直接联系，但与其他个体不发生直接联系，无直接联系或关系中断的现象，从网络整体来看好像网络结构中出现了洞穴，因而称作"结构洞"。

④ 六度分割理论。六度分割理论（Six Degrees of Separation）亦称小世界理论，即一个人和任何另外一个陌生人之间所间隔的人不会超过 6 个，也就是说，最多通过 6 个中间人，一个人就能够认识任何其他一个陌生人。

1967 年，美国哈佛大学社会心理学家 Milgram 设计了一个连锁信件实验，将信随机发送给住在美国各城市的一部分居民，信中写有一个波士顿股票经纪人的名字，并要求每名收信人把这封信寄给自己认为是比较接近这名股票经纪人的朋友。这位朋友收到信后，再把信寄给他认为更接近这名股票经纪人的朋友。最终，大部分信件寄到了这名股票经纪人手中，每封信平均经手 5.2 次到达。于是，Milgram 提出六度分割理论，认为世界上任意两个人之间建立联系，最多只需要 6 个人。

六度分割理论和互联网的亲密结合，已经开始显露出商业价值，并在社交网络上得到了淋漓尽致的体现和应用。由于互联网突破了时空限制，而同时 Web2.0 所具有的去中心化的特点，在社交网络上，不同节点所构成的网络也可用六度分割理论解释。理想状态下，网络中任意两个节点之间甚至可以直接发生关联。在社交网络服务中，关注和被关注功能就是六度分割理论的具体应用，也正是得益于这一功能，社交网络用户能够主动地寻找自己所需要的信息来源，提高了信息传递的针对性和有效性。六度分割理论在社交网络的应用使人们真正体会到世界的狭小，人们可以与自己的偶像、电视中的明星和政治家建立直接的联系，真正让世界变成了地球村，拉近了每个人之间的距离。

⑤ 无标度网络理论。无标度网络（Scale Free Network）亦称无尺度网络，是带有一类特性的复杂网络，其典型特征是在网络中的大部分节点只与很少的节点连接，而其中极少部分的节点却与非常多的节点连接。这种关键的节点的存在使得无尺度网络对意外故障有强大的承受能力，但面对协同性攻击时则显得脆弱。现实世界的许多网络都带有无尺度的特性，例如因特网、金融系统网络、社会人际网络等。这些网络大部分不是随机网络，其中，少数的节点往往拥有大量的连接，而大部分节点却很少，一般而言，他们符合 80/20 定律（马太定律），并且，将度分布符合幂律分布的复杂网络称为无标度网络。

作为真实社会关系的网络映射，在社交网络服务中也只有极少的关节点拥有大量的关注者，相对的多数节点只拥有少量的关注者，特别是随着社交网络的发展，强者恒强的马太效应越发显现出来。不同的因素和动机促使普通人关注这些拥有巨大粉丝数量的关节点，不同节点的粉丝数发生了两极分化。而这一特点也使得社交网络服务中信息的传播机制出现了明显的变化，关键节点所发布消息的传播深度和广度及所引发的反响是普通节点所不能比的，与此相对，普通节点所发出的信息往往被淹没在社交网络服务的信息洪流中。此外，这些关键节点在网络热门事件和信息的发酵和传播过程中起到了举足轻重的作用，而这也为政策制定者提示了制定对策的方向。

⑥ 邓巴数理论。邓巴数理论亦称"150 定律"，由英国牛津大学的人类学家罗宾·邓巴在 20 世纪 90 年代提出，即人的大脑提供的认知能力只能使一个人维持与大约 150 个人的稳定人际关系，这一数字是人们拥有的、与自己有私人关系的朋友数量。也就是说，人们可能拥有 150 名好友，甚至更多社交网站的"好友"，但只维持与现实生活中大约 150 个人的"内部圈子"。

该理论从另一个角度揭示了社交网络服务的另一大特点，社交网络服务的节点间的联系分为强联系和弱联系。而每个个体所能维持的强联系是有限的。Facebook 中，平均拥有 150 个好友的男性，一般只会与其中 7 位好友进行文字或其他信息的互动，女性用户相对更善于交际，同样的条件下，她们会与 10 位好友互动。该理论所揭示的这一特点表明，每个正常人能有效处理的信息源是有限的，即所关注的节点是有限的，具体到社交网络服务中，每个节点和其他节点的联系是有限的。

第三，社会网络分析方法。社会网络分析（Social Network Analysis，SNA）是一套规范的对社会关系与结构进行分析的方法，社会网络分析的对象是不同的社会行动者内在联系而构成的网络结构。社会网络分析的主要表现形式是矩阵和图。其中，矩阵是构建社会网络的基础，将社会网络用（0，1）矩阵表示出来，有直接关系的两个节点在矩阵中标记为 1，没有直接关系则标记为 0，利用计算机矩阵解析技术可以分析社会网络中关系的分布与特征。通过网络图直观地展现社会网络的概貌，显示节点之间的结构及信息流动方向，简洁地描述网络的整体属性。在社会网络分析中，代表着行动者的点与代表着行动者之间关系的线构成了网络图，一个图就是一种社会网络模型。

社会网络分析法通过映射和分析团体、组织、社区等内部人与人之间的关系，强调行为者之间相互影响、依赖，从而产生整体涌现行为，提供了丰富的、系统的描述和分析社会关系网络的方法、工具和技术。

3. 电子口碑

口碑对消费决策的影响研究可以追溯到 20 世纪 50 年代，学者发现口碑传播对消费者的品牌选择、产品期望和使用体验具有引导作用，并会影响后期消费者的评论。[①] 随着互联网的兴起，企业开始借助虚拟渠道开展营销，将口碑传播的路径拓宽到电子渠道。

第一，电子口碑的含义。电子口碑（Electronic Word of Mouth，EWOM）亦称网络口碑（Internet Word of Mouth，IWOM）或在线口碑或数字口碑，是指当用户购买需求时，可以通过互联网相关平台搜索、浏览特定信息内容，并可以根据已有的体验经历，针对相关产品发表评论内容（Nyer，2006）。顾客可以自主搜寻和浏览产品信息，并围绕特定主体发表相关评论。这里的顾客既可以是以往的已消费的顾客，也可以是潜在客户群（Henning-Thurau 等，2003）。而且，口碑所包含的评价不一定都是正面的，也可能包含负面信息（Tax，1993）。

第二，电子口碑的特征。电子口碑的特征主要包括以下几点。

① 匿名性。网络的匿名性使得网民能够以匿名或化名的方式发表自己的意见或想法，因而，消费者能更自由地在网络上分享自身使用产品或服务的正面或负面的想法，而不必担心被发现真实的身份及负担相关的法律及道德上的责任。

② 形式和传播渠道多样性。电子口碑形式可以是文本、声音、图像与视频，不再局限于口头语言，并且口碑信息可以保存。网络用户可以通过电子邮件、网页、虚拟社区及即时通信工具等多元的传播渠道获取或分享口碑信息。

③ 传播范围广泛。消费者可以不受时间与空间的限制，随时随地地在网络世界里搜寻商品信息或发表自己的意见。这样使网络口碑的传播不再局限于由亲属及朋友等熟人构成的社交圈内，使网络口碑传播网络存在更多的

---

① 根据"5 Social Shopping Trends Shaping The Future of Ecommerce, Power Reviews and the eTailing Group, 2010"显示，消费者评论对购买行为的影响比其他任何一种信息来源更大，64%的购物者表示他们在购买东西之前会花 10 分钟甚至更长时间浏览在线评论；近40%的人会阅读 8 条以上评论，即购物者热衷于研究评论以便完善其购买决策。此外，根据 Bazaarvoice 提供的数据显示，接近90%的线上购物者信任他们熟人的推荐；70%的线上购物者信任他们不认识的人的推荐；67%的购物者由于朋友的推荐而在网上花更多的钱；53%的推特用户在推特上推荐产品或供应商；44%的消费电子产品的网上购买都受到口碑的影响。

弱联结。

④ 传播效率极高。互联网允许用户之间以不同的对应关系进行信息的传递活动。用户既可以进行一对一的口碑信息传递，如即时信息等，也可以进行一对多的口碑信息传递，如邮件列表等，还可以进行多对多的口碑信息传递，如聊天室、讨论区等。因此，网上口碑信息的传递变得更为直接，这使得网络口碑的传递效率大为提高。

⑤ 相对可控性。与传统口碑不同，某些网络的口碑信息是可以人为控制的，例如：Amazon 网站的营销人员可以决定是否显示消费者的评论，并且规定了消费者对商品的评论模式，这些都会对网络口碑信息接受者的行为造成一定的影响。

第三，电子口碑的传播。电子口碑的过程如图 2-2 所示。与传统口碑相比，电子口碑传播在意见领袖及网络平台中关系网络的强弱上表现得更加突出。

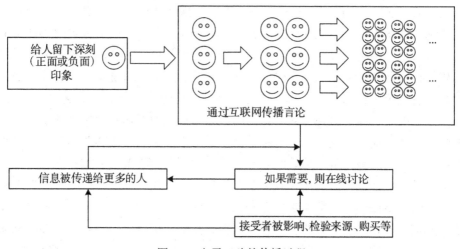

图 2-2 电子口碑的传播过程

①意见领袖①。Lazarsfeld（1948）认为，大众传播媒介首先影响意见领袖

---

① 意见领袖亦称关键意见领袖（Key Opinion Leader，KOL），现多指网络上在某方面很有影响力的人，具体而言就是拥有更多、更准确的产品信息，且为相关群体所接受或信任，并对该群体的购买行为有较大影响力的人。相应地，关键意见消费者（Key Opinion Consumer，KOC）一般指能影响自己的朋友和熟人（或者说相对平级的网友），产生消费行为的消费者。相比于 KOL，KOC 的粉丝更少，影响力更小，优势更垂直、更便宜。

的意见，进而由意见领袖影响更多的人，这是所谓的"两阶段的流动传播理论"。意见领袖通过他们的专业知识、判断能力和网络体验收集大量信息，并通过网络向追随者表达自己的意见，追随者收到信息后会倾向于采纳意见领袖的意见（Moran 等，2006）。根据新浪微博的调查显示，多数微博用户会参考"网红"等意见领袖的微博继而作出购买或不购买决定，但不论最后购买决策如何，均使得该品牌的知名度上升。调查表明，84%的互联网用户至少接触一个意见领袖，意见领袖的意见在网络口碑传播中举足轻重（Doh 和 Hwang，2009）。合理利用意见领袖的作用，甚至采用招揽网络代言人的方式，能增加产品和品牌的亲和力，提高消费者对品牌的熟悉程度和信任度，达到口耳相传的网络营销目的。

② 强关系与弱关系和传统口碑一样，网络口碑的传播也会根据关系网络同质性强弱和关系强度分为强关系传播和弱关系传播。消费者通过互联网进行共享视频、文字等交换产品的褒贬意见后，容易与其他参与者形成具有人类情感的"社会关系"，这些关系实质上代表了口碑网络。Donath 和 Boyd（2004）认为网络使得人们可以建立许多薄弱却不同种类的关系，随着社会化媒体中弱关系的链接，网络口碑就随之而来。对于消费者来说，这些弱关系带来的网络口碑被证实推动解决了购买问题及缩短了消费周期（Thompson，2008）。如微博平台着重于信息的传播，利用转发、评论等功能连接起具有弱关系的人群，信息开放度高，网络口碑传播方式为弱关系传播。而微信平台则强调了一对一的隐私对话，信息开放度低但互动性强，是基于关系核心的强关系管理。网络口碑的传播中既须注重弱关系的公开传播，也要兼顾强关系的维护。

此外，信任在口碑传播中发挥着非常重要的作用。信任可以减少消费者对网购风险的不确定性，信任是建立和维持客户关系的关键。一旦消费者与企业建立起信任关系，消费者的感知服务水平会提高，满意度也会相应提高，从而作出积极有效的评价并向周围人群推荐，形成正面口碑效应。在网络环境下，企业可以通过线上线下方式建立起消费者信任，并以此作为一种营销手段，提高客户对企业品牌的忠诚度。而且，当消费者信任达到一定程度时，这种信任可以减弱他人提供信息的负面口碑效应，同时提高他人信息的正面口碑效应。

4. 社会心理学理论

根据《韦氏词典》，社会心理学（Social Psychology）是"研究个体的个性、态度、动机和行为对社会群体的影响和受其影响的方式"，即研究个体和群体在社会相互作用中的心理和行为发生及变化规律。这里主要介绍一下与社会化电子商务相关的社会心理学理论。

当消费者进行购买决策时，认知偏差（Cognitive Bias）非常重要，因为认知偏差会影响到消费者的关注重点和解读方式，而且，消费者会受到有限理性的制约。一般情况下，消费者常常先根据自己的需要搜索信息，然后，对备选方案进行评估，最后作出购买决策。虽然身处信息时代，消费者对信息的搜索在一定程度上不受限制，然而，消费者面对大量网络零售商、无数产品评论以及网友的建议，仍然面临"信息超载"问题，即过多信息导致消费者无法及时处理。当消费者面对超出自己处理能力的复杂信息时，有限理性就会出现。在信息过多时，人们的处理方式就是寻找一种无须具备所有信息便能作出最优决策的方法，这种方法便是著名管理学家、计算机科学家、心理学家赫伯特·西蒙提出的"令人满意的准则"，即人们会尽最大努力作出一种可以接收但并非一定是最好的决策。以上用以简化过程的捷径称为启发式方法。在社会化电子商务中，有六种主要因素影响着消费者决策。

第一，社会认同。人们在作决策时常常会观察周围人在相同情境下的反应，当大多数人作出同一选择时，这种普遍行为就是社会认同。同样地，为了规避购物中的不确定因素，人们常常会参考别人的购物体验。当某件东西很畅销或占据市场统治地位时，人们会本能地把它当作一个正确、有效的选择——这是一种不容忽视的力量。

在社会化电子商务的应用程序中，一些工具能使消费者看到所有与某些市场领导品牌产品相关的社会认同。当越来越多的人开始追逐潮流时，就出现羊群效应（Herding Effect），亦称从众心理，即为了应对真实的或想象的群体压力，在行为和信仰方面发生变化。

社会化电子商务应用：

①借助销售排行榜将一个品牌与最畅销、市场领军品牌、增速最快等联系起来。例如通过社会化媒体公布近期的畅销清单，允许购买者浏览最畅销、最多浏览、最受喜爱、最多评论的数据，说明购买哪些商品是最明智的。

②可以在社交平台分享消费者生动感人的购买经历，以此获得其他用户的认同感。

③通过各种手段鼓励消费者在社交平台对产品或服务质量的可信评价，注意要避免差评而尽量通过巧妙的方式让消费者心甘情愿宣传产品的各种优势。

④利用技术手段，通过社会化推荐系统，对相似消费群体挖掘并推荐他们可能喜好的商品。

第二，权威。利用某些领域中专家的观点或建议进行劝说。人们总有一种自然的倾向去相信专家或权威，他们的评价可以让消费者在选择中省去思考时间。在社会化电子商务中，权威可以用于推荐程序、评论（既可以来自专家，也可以来自凭借经验发表观点的现有顾客）、品牌服务、用户论坛等方面。

社会化电子商务应用：

① 在社会化媒体中利用明星或权威人士进行产品推荐。

② 向名人推出试用活动并鼓励他们在社交媒体发布。

第三，吸引力。吸引力亦称喜爱，即人们倾向于追随和模仿那些他们认为有吸引力或在其他方面令人欣赏的人；或者人们总是对具有相同兴趣爱好的人更具认同感，所谓爱屋及乌；一方面因为它建立在社会纽带和信任之上，另一方面因为它是印象的一部分——通过联系来组织脑海中的影响和认知。

社会化电子商务应用：

① 充分利用购物者的社交圈进行产品的推荐，例如微博群组、微信群和QQ群等，允许购物者在其社交圈分享购物体验和发现。

② 利用社会化媒体平台关注、分享并传播一些目标消费者喜欢的信息，比如酒类电商可经常发布与饮酒健康相关的新闻或科普知识。

③ 经常与活跃粉丝互动以获得他们的好感，这样更容易树立产品品牌形象。

第四，稀缺性。稀缺原则（Principle of Scarcity）人们通常出于对可能失去的害怕，认为稀缺的东西具有更大的价值。任何时候只要人们认为一件东西稀缺，就会更加努力地去获得它，即使意味着他们必须支付额外的费用，并且拥有之后很可能会后悔。使用稀缺性作为影响力工具的市场营销策略，主要侧重于那些限时产品、限量版产品或者定量供应的产品。在社会化电子商务中，体现稀缺性的社会化应用程序主要有：优惠信息推送、带有优惠信息的新闻推送、团购工具、推荐活动和优惠信息目录等。

社会化电子商务应用：

① 在社会化媒体中进行限量体验，限量机会，限量提供，限量可获得性，限量版本，基于时间（倒计时形式）等基于稀缺性的促销活动。

② 推出只针对社交媒体的促销计划。

第五，互惠。互惠原则（Rule of Reciprocity）主要指人们有一种固有的强烈意愿去偿还债务和报答恩情，而不管他们是否需要这些帮助。互惠是文化中的一种共同行为规范。人们回馈善意，一方面是因为他们认为这是一件公平且正确的事情，另一方面是因为知恩图报对于维护关系十分重要。市场营销人员会充分利用互惠原则来鼓励消费者选择某一品牌，并对该品牌长期保持忠诚。

其关键是主动向目标客户提供善意、礼物和恩惠,然后,目标客户会感到有必要进行善意的回馈。互惠原则使得人们得到实惠时会感到心存歉意,比如在超市人们试吃或试用了商品后会觉得有义务进行购买。试用装促销背后也是同样的原理,免费试用证明了产品的相对优势,同时,也让消费者得到恩惠的感觉,因此,有试用装的产品的销量会高于没有试用装的产品。一些商家会给重要客户送生日卡和节日卡,这种行为也可以被认为是一种应该得到回报的行为。

社会化电子商务应用:

① 经常在节日与消费者互动,赠送消费者免费的试用装,产品宣传杂志等。

② 经常与消费者互动,转发他们的微博并解决他们提出的问题。

③ 可以透过社会心理层面利用社会化媒体平台塑造品牌。

第六,一致性。人们努力与自己的信仰、态度和过去的行为保持一致。当人们的行为不能与他们的态度和过去的行为保持一致时,他们会感到认知失调。认知失调是一种心理上不适的状态,当人们所认知的与所做的事情不一致时就会产生认知失调。对一致性的需要是比较广泛的影响力来源,因为任何态度和行为都能将它激活。面对不确定性,人们往往会选择与自身观感和过去行为一致的那个商品。市场营销人员可以通过图片广告、免费试用、自动更新、会员优惠等激发客户对一致性的需要。包含一致性原则的社会化电子商务工具有:"询问你的网络"工具、社会化游戏、选择清单、分享工具、一起购物工具、评论、论坛和图片库等。

社会化电子商务应用:

① 定期开展免费试用,线上的免费体验等活动。

② 设计与品牌相关的小游戏在社交平台推广。

③ 注意保留消费者的各种购物信息,并提供良好的服务以使消费者形成路径依赖与习惯。

上述提到的社会认同、权威、吸引力、稀缺性、互惠和一致性就是社会化电子商务中影响消费者购买决策的六个主要心理因素,同时,这些心理因素也提供了六种有效的社会化电子商务策略或应用。

5. 消费者参与

消费者参与(Consumer Engagement,CE)亦称消费者互动,是指顾客关注某一品牌或企业的行为表现。消费者参与将企业与消费者联系起来(如下

图 2-3 所示），它不仅包括诸如为增强消费体验而提出建议、帮助指导服务提供商、帮助其他顾客进行消费等共同创造行为，也包括"退出"和"呼吁"要素，诸如参加品牌社区、口碑、推荐、抱怨、撰写博客、撰写评论和自发提供产品设计建议等行为。

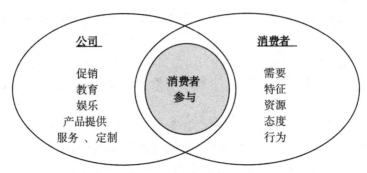

图 2-3　消费者参与结构

　　根据维基百科的定义，在线消费者参与有以下含义。

　　第一，随着 20 世纪 90 年代末互联网的广泛应用，以及随后十年连接速度（宽带）方面的技术发展，促成了在线消费者参与这一种社会现象。在线消费者参与同线下消费者参与有着质的差别。

　　第二，在线消费者参与是消费者参与在线社区的一种行为，它直接或间接地围绕产品类别（自行车、帆船等）和其他消费主题，详细描述了导致客户积极参与公司或产品的过程，以及与不同程度客户参与相关的行为。

　　第三，在线消费者参与是旨在创造、刺激或影响消费者参与行为的营销实践。虽然消费者参与营销在线上和线下两个方面的努力必须是一致的，但是，互联网是消费者参与营销的基础。

　　第四，在线消费者参与是衡量其在创造、刺激或影响消费者参与行为的营销实践方面的指标。

　　在线消费者参与中的"参与"衡量的是访问者和网站的交互程度。一般认为，访问者参与到网站的服务中作出某些相应的行为，会被认定是参与或交互。参与的类型包括：点击链接，访问下一个页面，播放视频/音频/动画，下载文件，提交留言/参与调查，上传文件，进入互动游戏（如 Flash 形式的游戏），等等。

　　消费参与的好处主要体现在以下方面：优化在线客户交互并增强意识；利

用客户的贡献创造竞争优势；利用员工参与实现竞争优势；使组织能够适当而
迅速地应对网络消费者行为的根本变化；克服传统广告传播模式；克服品牌忠
诚度下降的趋势，提高品牌忠诚度和公司声誉；帮助公司提供有效的沟通议
程；帮助客户通过所有的在线渠道实现最大价值；增加销售额；降低运营成
本。

2.3 小结

社会化电子商务是电子商务的一种新的衍生模式，是一种利用社会化媒体
来进行销售的新型电子商务。同时，它也可以被视为一个交叉学科，涉及市场
营销、消费者行为、社会网络分析、系统设计、社会心理学等。因此，为了更
好地理解社会化电子商务的运行机制、商业模式、用户行为，以及在食品安全
管理中的应用，有必要对相关基本概念和理论进行梳理与总结。

第3章　社会化电子商务发展现状

3.1　基本状况

　　社会化电子商务因其社交性、便捷性、快捷性等特点，已被越来越多的消费者所认可。中国社交化电子商务的出现是在 2011 年，随着早期蘑菇街和美丽说的运营成功，大量的社交化电子商务平台在同一时期出现。近年来，随着微信、微博等移动社交媒体的发展，社会化电子商务也逐步向着移动化发展。2015 至 2018 年 3 年间，社会化电子商务占整体网络购物市场的比例从占中国网络购物市场比例从 0.1% 增加到了 7.8%。① 2018 年中国网络零售市场规模超过 9 万亿元，社会化电子商务市场规模 12624.7 亿元，占整个网络零售交易规模 14%，而 2019 年社会化电子商务占比网络零售规模超过 20%，预计 2020 年社会化电子商务市场规模占比网络零售超过 30%，社会化电子商务已成为电子商务不可忽视的规模化、高增长的细分市场。2019 年手机网络购物用户规模 6.1 亿人，社会化电子商务购物用户规模达到 5 亿人，社会化电子商务从业者将近 5000 万人，意味着中国全民社会化电子商务的时代已经到来。② 社会化电子商务市场经过短短六年的发展已经超过万亿规模。高速增长产生巨大经济效益和社会效益，社会化电子商务大市场高速成长，造就了众多年轻的明星企业，拼多多、云集、蘑菇街、微盟等成功上市，思埠、爱库存、贝店、小红书等融资完成。

　　从 2019 年开始，社会化电子商务的竞争不仅是流量竞争，而是向系统化运营升级进化。中国社会化电子商务进入下半场，社会化电子商务以数字化系统架构建立基础设施，完成前台、中台及后台的系统化规划与实施，再造供应

---

　　① 《社交电商"生死劫"》，载澎湃新闻网，https：//www.thepaper.cn/newsDetail_forward_7090909，2019 年 12 月 3 日访问。

　　② 数据来源于中国互联网协会：《2019 中国社交电商行业发展报告》。

链，重塑产业端，提升电子商务的协同效率。但社交电商发展仍处在初级阶段，整体市场发展呈现多元化态势，百家争鸣，各平台都在争取发展成为社交电商最大平台的机会。当前市场上还没有出现一个成熟的、典型的、完全以社交为模式核心的电商平台，多数是过去实体店模式的拷贝，商业模式没有发生本质变化，随着电商市场不断向三四线城市、农村市场下沉，社会化电子商务发展空间巨大。

社会化电子商务的崛起很大一部分得益于互联网和移动电子设备的兴起，相对而言，社交网络和移动设备的普及让我们任何人都可以成为网络自媒体的中心，以扩散式发展的结构与他人产生交集。如社交与电商相结合，网民便可以通过有社交化的渠道获得购物信息，而且用户便可以通过有相似购物喜好的其他用户的分享获得更多的购物资讯，从而自己进行比较，完成购物行为。同时，顾客在收到商品时，也可以通过社交网络分享自己的购物心得、购物体会，在这个过程中用户也可以获得更多的价值感和认同感。根据艾媒咨询（iiMedia Research）的数据显示，与传统电子商务相比，社会化电子商务可以节省 80.89% 的固定成本，缓解 73% 的库存压力，减少 63% 的推广费用，同时能提升 48% 的销售周期以及 48% 的销售利润。[①] 相比于传统电子商务，社会化电子商务特征及优势明显。社会化电子商务在流量、运营、渠道、用户及获客成本等诸多方面具有明显优势；社会化电子商务具有去中心化的特点，而依托社交平台及熟人网络进行裂变式传播又使得其能有效降低获客成本。

依托社交流量，社会化电子商务从用户拉新到留存全生命周期进行更高效低成本运营：（1）拉新阶段：依靠用户社交裂变实现增长，降低获客成本。（2）转化阶段：一方面基于熟人关系可以借助熟人之间的信任关系提高转化效率；另一方面可以通过社群标签对用户做天然化的结构划分，从而实现精细化运营。（3）留存阶段：用户既是购买者也是推荐者，在二次营销的过程中实现更多的用户留存。社交电商模式下，以社交网络为纽带，商品基于用户个体进行传播，每个社交节点均可以成为流量入口并产生交易，呈现出"去中心化"的结构特点。在他人推荐下，用户对商品的信任过程会减少对品牌的依赖，产品够好、性价比够高就容易通过口碑传播，给了长尾商品更广阔的发展空间。

在用户购物的整个流程中，社交电商的作用主要体现在三个节点：其一，产生需求阶段：通过社交分享激发用户非计划性购物需求。其二，购买决策阶

---

① 数据来源于艾媒咨询：《2019 小红书社交电商平台舆情大数据监测报告》。

段：通过信任机制快速促成购买，提高转化效率。其三，分享传播阶段：激发用户主动分享意愿，降低获客成本。

3.2　发展历程

社会化电子商务演变的进程分为以下几个阶段。

（1）萌芽阶段（2005—2009 年）。即在 Web2.0 技术诞生时，社交化电子商务的概念便已出现。随着社交媒体上互动化板块的出现，社交元素开始融入各个互联网行业，我国随之出现了第一批社交电商平台，如贝壳、怪兽等。不过由于早期各方面的条件还不够成熟，国内的首批社会化电子商务平台均以失败告终。

（2）探索阶段（2009—2014 年）。2009 年，人人网在国内率先将电子商务引入社交网络，人人网上的用户可以通过"人人爱购"链接到当当网、淘宝网、天猫商城、京东商城等多家网上知名商城。随后豆瓣也推出了能为用户提供团购服务和折扣优惠信息的社交购物功能。同年新浪微博上线，国内掀起微博热潮，于是微博尝试将社交与电商进行融合。2013 年 7 月，微信推出微信支付平台，完成销售闭环，随后微信朋友圈卖面膜的微商迅速崛起，月销售额超过 10 亿元。

（3）市场启动期（2014—2016 年）。2014 年，小红书、京东拼购上线，同年中国网络交易额达到 2.8 万亿元。2015 年，微商进入新阶段，行业诚信问题成为重要问题。同年拼多多上线，由明星代言人代言、在正规网站购买，使得消费者从微商转战拼多多商城，次年 2 月，拼多多单月成交额突破 1000 万元，付费用户突破 2000 万元。2016 年年底，国家多部委支持社交电商和鼓励健康规范的微商发展，传统企业开始大规模地进入社交电商。

（4）高速发展期（2017 至今）。2018 年，腾讯发布小程序，社交流量系统对外开放，由此涌现出更多、更大规模的社交电商创新模式。7 月，拼多多在纽交所上市，成为中国互联网企业最短的上市企业，社交电商走进电商主战场。2018 年中国网络购物交易规模 8.0 万亿元，占到 2018 年中国 GDP 的8.88%。社交电商市场规模达到 1.26 万亿元，同比增长 84.7%，就业人数达到 3032.6 万人，同比增长 50.2%。①

---

① 《走进亿万级市场规模的社交电商》，载小红书资讯网，http：//www.daztt.com/post/9066.html，2019 年 11 月 29 日访问。

2019 年，中国社交电商稳步发展期。1 月 1 日，《电子商务法》正式实施，社交电商迎来规范化发展。6·18 期间，京东累计下单金额 2015 亿元，天猫官方披露上百个国内外品牌成交超上年双十一，最高增长 40 倍。拼多多披露其订单数量突破 11 亿单，贝店 GMV 同比增长 208%。①

3.3 快速发展的原因分析

我国社会化电子商务快速发展的原因主要体现在以下几个方面。

（1）低端市场与低价市场的空白需求。传统电商人到中年，红利将尽，获客成本攀升。经历近 20 年的高速发展，中国电商行业已从一个初生的婴儿走向成熟的中年，2018 年中国网络购物交易规模 8.0 万亿元，增速逐渐放缓，以天猫、京东、唯品会等为代表的传统主流电商平台用户增速已持续放缓至 20% 甚至更低的水平。无论对于电商平台还是商户，都面临着竞争日益激烈、获客成本不断攀升的困境，亟待找到更高效、低价、黏性更强的流量来源。对电商平台而言，行业已基本形成赢者通吃的局面，阿里和京东两大巨头市场份额达 80% 以上，长尾企业数量众多，竞争激烈，即使对于头部巨头，活跃用户增速也在不断放缓，以营销费用及新增活跃用户数计算。2018 年两大巨头获客成本均已超 300 元，参与者需要更高效、低价、黏性更强的流量来源。对商户/品牌商而言，电商商家数量持续增加，商家间的竞争越来越白热化，2018 年主流电商平台活跃商户数量已达 1200 万左右，品牌及商户在综合平台推广/曝光的费用日益走高。以"淘品牌"御家汇为例，2015 年其销售费用率为 30.8%，显著低于上海家化/拉芳家化等传统品牌，2018 年其销售费用率已达 37.7%，基本与传统品牌持平。② 社交电商革命性地降低市场推广和营销成本，实现渠道下沉，利用多场景、多形态、多玩法的社交运营精准吸引更多销售者一对一服务客户，缩短销售路径，满足用户低价产品需求。

（2）科学技术的发展，致使消费者购物习惯发生变化，消费两极化。移动互联网时代，以微信为代表的社交 App 全面普及，成为移动端最主要的流

---

① GMV（Gross Merchandise Volume）即（一定时间段内）成交总额，多用于电商行业，一般包含拍下未支付订单金额。参见《走进亿万级市场规模的社交电商》，载小红书资讯网，http://www.daztt.com/post/9066.html，2019 年 11 月 23 日访问。

② 《社交电商：流量红利末期的新机会》，载搜狐网，http://m.sohu.com/a/321570949_99900352，2019 年 12 月 20 日访问。

量入口。这些社交平台占据了用户的大量时间、使用频次高、黏性强，流量价值极其丰富。以微信为例，2018 年年底，微信月活跃账户数已高达 10.98 亿①，截至 2019 年 9 月，微信月活跃账户数已高达 11.51 亿②，微信生态以其基础即时通信功能为基础，拥有朋友圈、公众号、小程序等不同形态的流量触点，同时借助微信支付，用户在一个生态内可以完成社交、娱乐、支付等多项活动，为电商降低引流成本提供了良好的解决方案。

从促进原因来看，社交媒体的传播优势如下：第一，社交媒体自带传播效应，可以促进零售商品购买信息、使用体验等高效、自发地在强社交关系群中传递，对用户来说信息由熟人提供，对于其真实性更为坚信，购买转化率更高。第二，社交媒体覆盖人群更为全面，能够较好地进行用户群体补充。社交媒体的有效利用为电商的进一步发展带来新的契机。消费者购物习惯在向移动端转移，手机网购渗透率达到了 84%，而且越来越受到欢迎。

另一方面，居民的消费能力不断提高，对于消费商品结构比例也有所改变，用于食品消费占主导，在文化教育和交通通信方面的开支比例逐年增加。随着经济的快速发展，人们的生活水平和购物方式都发生了很大变化。主打优质产品的全球海外购和主打低价商品的拼多多都形成了消费热点，而社交电商商业模式和新技术应用满足消费两极化变化趋势和细分热点市场。

（3）产业政策的支持。2015 年 11 月，国家工商行政管理总局发布《关于加强网络市场监管的意见》，将社交化电子商务纳入到工商局的监管范围内。2016 年 12 月，商务部、中央互联网和信息办公室、国家发改委联合发布了《电子商务 "十三五" 发展规划》，提出要鼓励社交化电子商务的发展。充分发挥社交网络在内容、创意、用户关系等方面的优势，构建互联网电子商务运营模式，鼓励和规范社交网络营销的创新，鼓励企业依靠社交网络等新兴营销手段，与顾客开展互动和交流，真实地传递商品信息，共同建立健康和谐的社交网络环境。

2017 年 8 月，国务院发布《国务院关于进一步扩大和升级信息消费指导意见》，鼓励电力、物流、商业、邮政等社会资源建设农村购物网络平台，支持重点行业骨干企业、构建网上采购、销售和服务平台，推进第三方产业电子商务服务平台建设，培育社交化电子商务、移动电子商务和新技术，推动新一

---

① 数据来源于艾瑞咨询：《2019 年中国社交电商行业分析报告》。
② 《微信发布 2019 数据报告：月活 11.51 亿，同比增长 6%》，载搜狐网，http：//www.sohu.com/a/365836314_117194，2019 年 12 月 17 日访问。

代电子商务平台建设，建立和完善新的生态平台，积极稳妥推进跨境电子商务发展。

2017年9月商务部发布《社交电商经营规范》提出，商务部唯一批准的社交电商行业规范，对指导行为发展方向、规范行业经营行为、创新行为监督管理、协同行为监督管理、协同行业合作繁荣等起到重要作用。我国《消费者权益保护法》《侵权责任法》《网络交易管理办法》等有关法律法规对商品销售者或服务提供者网上交易平台的使用、使用其平台侵犯消费者权益承担什么责任、应该采取什么措施相应地明确了责任。根据《消费者权益保护法》第25条和第44条规定，消费者通过网络交易平台购买到商品，享受自收到商品之日起七日内退货的权利，且无须说明理由，但以下商品除外：①消费者定做的。②鲜活易腐的。③在线下载或者消费者拆封的音像制品、计算机软件等数字化商品。④交付的报纸、期刊。消费者购买的商品是假冒伪劣产品，侵犯商标权，损害消费者合法权益的，消费者可以采取下列方式要求赔偿：①与对方订立合同，即向商品的销售者要求赔偿。②因违反本法规定造成损害的。③网络销售商无法提供卖家的真实姓名、地址和有效联系信息，消费者也可以向网络平台提供商索赔。传统的物流配送中，往往需要大面积的仓库用来存放货物，但是随着经济的发展，这样的条件变得越来越难实现，一是很少有这样大的场地用来存放货物，二是企业在这种传统的物流中，需要支付高额的费用。然而，在电子商务系统中，信息化可以通过互联网将各地不同业主的仓库连接起来，节省了大量的成本，提高了物流效率。互联网的发展完善了物流系统，大大提高了货物的配送速度和效率。

（4）带动创业就业，市场需求旺盛。社交电商为创业者提供了更低成本的入门机会及完整赋能支持大量的创业和就业需求直接转化为社交电商的生产力。2019年社交电商从业人员规模预计达到4801万人，同比增长58.3%①，社交电商行业的参与者已经覆盖了社交网络的多个领域。传统电商平台巨头品牌化升级，被"选择性挤出主流电商市场"的商家开始寻找新的出路，而在中国广大的三线以下城市还存在众多尚未被满足的消费需求，供需双方的错配为拼购类社交电商的发展留出空间。

社会化电子商务平台对中小商家的吸引力主要体现在以下几个方面：第一，从社交平台获得了大量流量，且商家数量较少，竞争相对没那么激烈。第二，在流量分配上以低价导向为主，商户只要能提供有足够价格竞争力的商

---

① 数据来源于电子商务研究中心：《2019中国社交电商行业发展报告》。

品，就能获得一些低价甚至免费的流量入口。第三，开店门槛低。以拼多多为例，拼多多不设置佣金，仅收取 0.6% 的支付费用，远低于其他传统电商平台 5% 左右的佣金率。第四，平台运营以商品而非店铺的基准，对于商家来说运营相对更简单。各类广告的价格相比各大传统电商平台更加便宜，商家可获得更高的广告 ROI。①

3.4　存在的问题

（1）竞争加剧，获客成本优势逐步丧失。社交电商行业爆发式增长引起了行业内外的广泛关注，各大电商巨头们也开始实施围追堵截的策略，淘宝特价版、京东拼购、苏宁拼购等一大批针对下沉市场低价商品的产品开始发力，行业竞争加剧。社交电商低价获客的优势正在逐渐丧失，以营销费用除以活跃买家数量计算，电商平台单个用户维系成本正在迅速上涨。

（2）商家毛利率低，平台货币化率提升空间有限。从盈利模式上看，社交电商与传统电商平台没有明显区别，且为了吸引更多的商户加入，社交电商在佣金和广告两部分的费率都明显低于传统电商平台。在低价定位下，社交电商平台客单价低，占据平台大体量的长尾商户，毛利率已经处于很低的水平，如果激进地提升货币化率，将损害平台的商家基础。如果维持目前的价格策略和商户结构，社交电商平台货币化率提升的空间比较有限。

（3）升级过程中需把握好消费者、商家和平台之间的利益平衡。社交电商的定位决定了平台积累了大量中小商户，这些商户在商品品质等方面问题较多，使得平台在消费者心目中打上了"低价""劣质"等标签，使平台在与传统电商平台的竞争中处于不利地位。长远来看，加强品控与服务，提升平台在消费者心目中的形象是平台可持续发展必须面对的问题。社交电商品牌形象的提升需要依托于大牌入驻、正品保障以及优质服务体验等方式，势必需要将流量适当向头部品牌商户集中。大品牌销售渠道多且相对稳定，话语权强，品牌入驻平台会优先考虑品牌本身的整体利益，不太可能为社交电商平台执行特殊的价格政策，大量品牌商的入驻也会打破社交电商平台通过小品牌和低质商品打造出来的低价优势。这些变化与平台早期爆发式增长的动力来源其实是相悖

---

①　20 世纪 60 年代的广告大师威廉·伯恩巴克（William Bernback）根据自身创作积累总结出来的一套创意理论，即 ROI 理论，好的广告应具备三个基本特质：关联性（Relevance）、原创性（Originality）、震撼性（Impact）。

的，势必会影响平台已有长尾商户的价值和利益。如何平衡消费者、商家与平台自身的利益将成为社交电商企业长期发展的巨大挑战。此外，在平台品牌升级化的过程中，社交电商平台还将需要更多地面对来自巨头的正面竞争。

（4）供应链尚未完善，主流商品进入有限。社会化电子商务注重人和社群的聚集，但商品供应链尚未完善，核心能力有待提高，并且开始尝试效仿COSTCO收取会员费①。例如：社会化电子商务于2019年通过效仿COSTCO收取会员费来实现可持续发展，但由于只学其形、未得其神，尚未得到有效实践，究其根本是没有把握商品供应链和客户才是一切商业的本质。社会化电子商务发展之初就具备了消费者"决定"商品这一基因，社交电商掌握了终端消费者，可根据需求改造供应链及规划生产能力，但实现C2M由消费者"决定"商品的模式在社交电商行业是否能够发展壮大还是未知数。目前已有代表品牌、多类主流商品开始尝试或接触社交电商，但已经试水社会化电子商务的主流商品、大众化品牌的企业数量有限，尾货和部分单品占比较大。社交电商本质上是电商行业营销模式与销售渠道的一种创新，凭借社交网络进行引流的商业模式在中短期内为社交电商的高速发展提供了保证。但这种模式的创新并非难以复制，无法成为企业的核心竞争壁垒。社交电商流量来源相对碎片化且受制于社交平台，社交平台的政策或规则变化可能会对其产生毁灭性打击。此外，社交渠道的流量来得快去得也快，消费者在平台上产生了交易流水并不代表着消费者和平台产生了黏性。后续如何将这些流量沉淀下来并敷发其购买力将对平台的精细化运营能力提出巨大考验。

3.5 发展趋势

1. 政策监管不断完善，推动行业规范化发展

随着社交电商行业的快速发展，国家对相关行业的重视程度也在不断加强，陆续出台了一系列政策，鼓励行业发展的同时明确相关部门的责任，规范

---

① COSTCO（好市多，又名开市客）为全球第一家会员制的仓储批发卖场。COSTCO Wholesale，起源于1976年成立，且位于美国加州圣地亚哥的Price Club。目前，COSTCO也是全世界销售量最大的连锁会员制的仓储批发卖场，成立以来致力于以可能的最低价格提供给会员高品质的品牌商品；同时持续引进新的有特色的进口商品以增加商品的变化性，当厂商降价或进口税率的降低时商品会以优惠价格回馈给会员。COSTCO在中国的第一家子公司坐落于上海，已于2019年8月开业。

社交电商行业发展。相关法律法规的颁布一方面为行业从业者合规化经营提供了参考依据，同时也有助于打破公众的偏见和顾虑，为行业建立正面形象。2015 年 11 月，国家工商总局颁布《关于加强网络市场监管的意见》，意见强调积极开展网络市场监管机制建设的前瞻性研究。研究社交电商、跨境电子商务、团购、O2O 等商业模式，并就新型业态的发展变化及针对性提出依法监管的措施方法。2018 年 9 月，首部《社交电商经营规范》进入审核阶段，其旨在建立社交电商发展的良好生态环境，加快创建社交电商发展的新秩序；促进社交电商市场健康有序发展，落实互联网相关法律法规及标准规范，夯实行业自律基础，界定相关主体的责任；加快建设社交电商信息基础设施，健全社交电商发展支撑体系。2019 年 1 月，电商领域首部综合性法律《中国电子商务法》正式实施，由此可见，国家鼓励发展电子商务新业态，创新商业模式，促进电子商务技术研发和推广应用。

2. 围绕社交电商的生态体系逐渐成型

行业快速发展催生新的创业机会，推动一系列服务商出现社交电商领域的玩家越来越多，大家在经营发展过程中遇到的问题及需求，催生了一批围绕社交电商领域的服务生态。从 SaaS 服务到培训、财税解决方案，一系列服务商的涌现为品牌方、商家和中小电商企业进行社交电商渠道探索提供了便利。以微信生态为代表的去中心化流量受到中小商家的关注，众多中小商户开始重视私域流量的打造。社交网络成为技术主流，小程序等社交工具的创新，有助于打造数字化社交电商运营体系，社交化营销方式将成为电商企业的标配。

3. 引入声誉机制

声誉对于社交电商的发展十分重要，它能够帮助消费者克服信息不对称的问题，口碑好坏直接关系到企业最终的消费群体的规模。

首先，引入声誉机制可以降低买家受欺诈的风险，线上交易面临的最大问题就是信息不对称，当买家通过电脑、手机看到商品图片或者对商品进行的描述时，无法判定图片的真假以及描述是否由虚假成分，更无法判断是否合适。引入声誉机制能够减轻买卖双方之间信息不对称的程度，降低买家受诈骗的风险。

其次，引入声誉机制可以增加卖家的销售回报。平台可以通过设计搜索排名规则，令声誉高的卖家产品排在搜索前列，主动激励卖家提供诚信服务。

最后，引入声誉机制增加平台的吸引力。声誉机制能够降低平台的运营成本，当平台的声誉机制能较好地发挥作用时，消费者对于社会化电子商务平台会更加信任、黏性更高。通过声誉机制，可以使买卖双方获得公平、公开的交易信息，进一步约束卖家的一些投机行为。

社会化电子商务可以采取一些方式对声誉机制进行改善：第一，由平台激励买家作出评价，强化买家购物时的分享动机，充分利用"社会化"建立买家社区，强化买家之间互动和联系。第二，监控卖家声誉操控行为，平台应该鼓励公平竞争的卖家，让诚实经营的卖家收益高于那些不诚实经营的卖家，并严厉打击不诚实的操作，比如刷销售量、刷评分等行为。第三，完善买家的评价管理，比如评价怎么进行排序显示，要综合评价日期、买家信用级别、买家评价真实程度等。如淘宝网对店铺的评分源自于近 6 个月以来数据的平均值，半年前的评分数据不能发挥作用，这样便使得商家有不断的动力提供诚信服务。

4. 以长尾理论为基础的新兴销售模式

长尾理论认为人们只关注"头部"而忽视了"尾部"，而"尾部"其实才是能创造更大利益的部分。在销售时，普遍将关注点放在少数"VIP"用户身上，而忽略了大多数消费者。如社交电商网易考拉，推出了黑卡优惠活动，买家花 279 元购买网易考拉黑卡，有效期为一年，买家全年享受购买商品 96 折优惠、极速退款功能、专属客服服务等。现在许多社交电商都有推出 VIP 活动，但还有一大部分不是 VIP 的用户，社交电商可以用很低的成本来关注这一部分顾客群体，他们可以创造更多的利益。长尾理论的尾巴越大越有效，社交电商应该关注更多的小额消费者，与传统商业致力于拿大单不同，以长尾理论为基础的互联网营销应该将众多微不足道的小额消费者聚集，汇聚更大的商业价值。

3.6 小结

本章先对我国的社会化电子商务整体发展情况和发展历程进行介绍。然后，重点分析了我国社会化电子商务快速发展的原因和发展中存在的问题。最后，阐述了社会化电子商务的发展趋势。

第4章 社会化电子商务的运行机制与模式

4.1 社会化电子商务的特征

社会化电子商务最突出的特点就是将社交媒体或平台与互联网电子商务进行有效的融合。社会化电子商务具有以下几点特征。

（1）高效低成本引流。目前，中国手机网络购物用户规模达到6.1亿人，社交电商用户规模达到5亿人，社交电商从业者将近5000万人。依托社交平台和互联网平台，社交电商从用户拉新到用户留存的全生命周期拥有了更高效更低成本的运营模式。第一，拉新阶段：依靠用户社交，裂变实现流量增长，获客成本低。第二，转化阶段：基于关系链（熟人社交），提高转化率。此外，通过用户标签，精准定位用户，实现精细化运营。第三，留存阶段：用户既是购买者也是销售者，在前期交流、互动，后期反馈过程中实现更多的用户留存。

（2）"去中心化"购物模式。去中心化模式分为"去购买端口中心化"和"去头部商品中心化"。"去购买端口中心化"是指，传统电商模式下，消费者产生购物需求时，通常都是去淘宝、京东、拼多多等平台进行购买。社会化电子商务模式下，通过对多个流量入口进行开创（如直播、小程序等），每个入口与特性消费场景对应，给消费者打造不一样的购物场景。"去头部商品中心化"是指，传统电商模式下，消费者购物都是通过搜索进行选择，依靠竞价排到搜索页前面的商品获得更多的流量，使得网络购物呈现的流量都集中在头部商品。社会化电子商务模式下，只要商品的性价比高，就能通过社交工具进行传播，使得长尾商品拥有发展空间。

（3）高转化率。从搜索购物到发现购物，社会化电子商务提升了转化率。在产生需求阶段：通过社交分享激发消费者的非计划购物需求。在购买决策阶段：通过信任机制，快速促成购买，提高了转化率。在分享传播阶段：激发用

50

户主动分享的愿望，获得更多用户。消费者可能对某件商品还没有需求，但是明星、网红、熟人分享了该商品，消费者有可能就对此商品产生了兴趣，便有了购买欲望。基于关系链（熟人社交），消费者的购买效率有所提升。随后在价格和其他因素的影响下消费者对该产品进行了传播。据统计，顶级网红电商转化率为20%，普通社交电商转化率为6%—10%，传统电商仅为0.37%。

（4）互动性。社交电商借助社交化媒体平台，能够更加直观地与用户交流，方便掌握用户偏好动态。信息传递多极化发展，使商家和用户、商家和商家、用户和用户都可以随时交流与互动，具有较高的互动性。

（5）私人性。与传统电商相比，社交电商根据用户所在兴趣平台以及人际关系圈过滤掉繁冗的信息，针对用户搜索热度海量的数据信息能够提供用户相似喜好的信息，实现信息的个性私人化推荐。

（6）真实性。社交电商是在相似社区平台、兴趣圈的基础上鼓励用户评论和分享、交流产品的使用感受或销售服务的信息，这些信息都是公开透明可搜集的，用户根据自己的购物经历发表自己的想法、分享推荐商品或者借鉴其他人的意见，最大限度地保证了信息的真实性和可信性。

4.2　社会化电子商务的模式

目前社交电商模式层出不穷，谢芳（2017）提出社交电商的模式为，以社交工具、电商网站为主体的综合性社交电商。京东和尼尔森联手在《2017年社交电商行业白皮书》中总结社交电商分为五种：拼购型、人群分销型、社群型、内容型和综合型。林朝阳（2018）认为社交电商的模式有三种：综合性社交平台开发电子商、新型社交购物网站、电商企业自建社交平台。刘湘蓉（2018）认为，社交电商的模式分为三种：社交电商移动化、移动社交电商化、移动电商社交化。艾瑞咨询在《2019年中国社交电商行业研究报告》中总结了四种社交电商的模式，分别为：拼购类社交电商、会员制社交电商、社区团购社交电商、内容型社交电商。而《2019中国社交电商行业发展报告》则在艾瑞咨询总结的基础之上增加了网红直播。归纳上述学者和研究机构的看法，不难发现以下特点。

（1）本质上，社交电商有以下三种模式，如表4-1所示。

表 4-1　　　　　　　　从本质上分类社会化电子商务模式

分类	社交+电商	电商+社交	电商社交一体化
导向	社交为主	电商为主	两者兼有
流量来源	关系链（熟人社交）	内容链（内容社交）	两者兼有
典型代表	微信	淘宝	小红书

一是社交+电商，以社交工具为主而后与电商结合的模式。如微信，微商用户可以在朋友圈进行产品宣传，同时建立微信聊天群，在群里进行互动和交流，以此来达到交易的目的。

二是电商+社交，以电商为主后来增加社交板块的模式。如淘宝，在原来的板块上增加的有好货、淘宝直播等板块，由博主进行好物推荐，其他淘宝用户可以对好物进行评论，同时帖子下方增加购买图标。

三是电商社交一体化，是两者结合的模式，同时拥有社交和电商的板块。如小红书，用户通过观看其他人的帖子，可以在帖子下方进行交流和沟通，帖子链接到同款和相似的产品以便点击购买。

（2）表现形式上，社交电商的模式又可以分为三种：拼购型、内容型、会员制，如表 4-2 所示。

表 4-2　　　　　　　　从表现形式上分类社会化电子商务模式

分类	拼购型	内容型	会员制
特点	以低价为核心吸引力，不断增加流量和订单	通过内容运营激起用户购买激情	通过分销机制，隐形招募分销商
流量来源	两者兼有	内容链（内容社交）	关系链（熟人社交）
用户	对价格敏感人群	对明星、潮流敏感人群	有分销能力及意愿的人群
典型代表	拼多多	淘宝直播	花生日记

一是拼购型社交电商，即 2 人及以上的用户，通过拼团减价的模式，吸引客户形成交易。拼购型又分为线上拼购和线下拼购。线上拼购的典型社交平台有拼多多、京东拼购和苏宁拼购。拼多多拼购有两种模式：一是通过用户将拼团商品的链接发送给其好友，拼团成功则可以团购价购买商品；二是直接在商品页进行拼购，这种模式不仅限于熟人。线下拼购与社区拼购类似，以社区为

单位,社区居民加入社区,通过群聊拼购商品,社区团购平台在第二天将商品配送至团长处,消费者可自提商品。拼购型社交电商的模式特点是以低价为核心吸引力,不断增加流量和订单。

二是内容型社交电商,即明星、主播和其他消费者通过形式多样的内容,如图片、文字、视频和直播等方式引导消费者购物,内容多为创作者的亲身经历和体验。典型的内容型社交电商有:小红书、微博、淘宝直播等。微博拥有大量的明星和自媒体人,明星或自媒体人发布自己代言品牌的图片或视频,吸引粉丝的购买。淘宝直播分为以个人为主的直播、以品牌为主的直播。以个人为主的直播主要是依靠主播本身自带的流量,以及用户对主播的信任来进行营销活动,典型代表是"淘宝达人"薇娅、"口红一哥"李佳琦,通过专场活动如美妆节、零食节等主题对商品进行讲解和评测,来实现商品交易。以品牌为主的直播,是品牌方组织人员对商品进行讲解来达到交易的目的。内容型社交电商的特点是通过内容运营激起用户购买的激情。

第三会员制社交电商,即用户通过社交工具传播电商企业商品信息,通过商品销售提成使用户成为分销商,实现"自购省钱、分享赚钱"。会员制社交电商是与直销模式最为相似的一种社交电商模式,通过分享电商企业的商品,完成交易后,电商企业或社交平台进行返利,典型代表是花生日记。会员制社交电商的特点是通过分销机制,隐形招募分销商。

(3)不同类型社交电商在流量来源及运营模式上有所不同,可以将我国社交电商分为以下五种模式,如下表4-3所示。

表 4-3　　　　从流量来源及运营模式上分类社会化电子商务模式

	拼购类社会化电子商务	会员制社会化电子商务	社区团购	内容类社会化电子商务	网红直播型
概念定义	聚集2人及以上的用户,通过拼团减价模式,激发用户分享形成自传播	S2b2c模式,平台负责从选品、配送和售后等全供应链流程。通过销售提成刺激用户成为分销商,利用其自有社交关系进行分享裂变,实现"自购省钱,分享赚钱"	以社区为基础,社区居民加入社群后通过微信小程序等工具下订单,社区团购平台在第二天将商品统一配送至团长处,消费者上门自取或由团长进行最后一公里的配送的团购模式	通过形式多样的内容引导消费者进行购物,实现商品与内容的协同,从而提升电商营销效果	通过网红KOL在短视频直播过程中向粉丝群体推荐商品而完成商品销售,提升电商流量转化,粉丝运营、IP打造和优质创意视频内容影响转化效率

续表

	拼购类社会化电子商务	会员制社会化电子商务	社区团购	内容类社会化电子商务	网红直播型
模式特点	以低价为核心吸引力，每个用户成为一个传播点，再以大额订单降低上游供应链及物流成本	通过分销机制，让用户主动邀请熟人加入形成关系链，平台统一提供货、仓、配及售后服务	以团长为基点，降低获客、运营及物流成本；预售制及集采集销的模式提升供应链效率	形成发现—购买—分享的商业闭环，通过内容运营激发用户的购买热情，同时反过来进一步了解用户喜好	粉丝对网红信任度高，实时互动极大提升购物体验，消费者易于融入购物场景，商品信息通过网红的粉丝群体和社会化媒体传播
流量来源	关系链（熟人社交）	关系链（熟人社交）	关系链（熟人社交）	内容链（泛社交）	内容链（泛社交）
目标用户	格敏感型用户	有分销能力及意愿的人群	家庭用户	容易受 KOL 影响的消费人群/有共同兴趣的社群	容易受网红影响的消费人群/喜欢沉浸式购物的社群
适用商品	个性化弱、普遍适用、单价较低的商品	有一定毛利空间的商品	复购率高的日常家庭生活用品	根据平台内容的特征适用的商品品类不同	根据网红所属频道特征适用的商品品类不同

数据来源：综合公开资料及企业访谈整理所得。

4.3　农产品社交电商案例

　　农产品电商尤其是生鲜电商经过几年的发展，开始面临发展瓶颈，但社交电商的产生却带来了意外契机。一方面，通过社交进行裂变式传播的获客路径，让社交电商得以用低成本把流量下沉到三四线的小城镇，覆盖了更广阔的消费群体，为解决农产品卖难问题，提供了新途径。另一方面，更多互联网因子的注入，也在助推农业生产供应链的完善和产业升级；在乡村振兴、脱贫攻坚的宏观背景下，社交电商作为消费扶贫模式还得到了政策加持，企业行动也分外踊跃。

2017 年云集微店发布"百县千品"计划，要在三年内培育孵化 100 个地理标志的农产品品牌。仅陕西省就打造了洛川苹果、临潼石榴、富平柿饼、周至徐香猕猴桃等爆品。

2018 年 4 月份，拼多多也上线了公益项目"一起拼农货"。当年秋季，拼多多联合本地新农人，两个月帮助湖北秭归县的农户销售了 2300 多吨滞销脐橙，为当地村民创造了 1200 多万元的收入。

甚至出身母婴产业的贝店，也在 2018 年 5 月宣布了"一县一品"助农计划，一年内打造 100 个特色产品产业带。11 月，其帮扶恩施热销了 100 万斤富硒土豆。

可以说，企业瞄准做农产品，并非只想用慈善提升企业形象那么简单，根本上还是看清了农业是中国经济最后也是最大一块掘金地的事实。而社交电商恰恰凭借门槛低、成本少、覆盖广、传播快、接地气的特点，一定程度上化解了传统农村电商面临的农村基础设施不完善、农产品规范化程度低等问题，为农产品上行打开了通路，成为一种有效的扶贫手段，在贡献社会效益的同时，也对自身开拓市场、维护流量具有重要价值。

1. 拼多多

拼多多是目前我国第一大社交电商平台和仅次于淘宝、京东的第三大电子商务平台，其"沟通+分享+购买"的模式形成了独特的社交电商思维。拼多多成立于 2015 年 9 月，由黄峥创办。拼多多 App 是国内主流的手机购物 App，用户通过发起和朋友、家人、邻居等的拼团，以更低的价格拼团购买商品。拼多多将娱乐与分享的理念融入电商运营之中，主打拼团模式，并于 2018 年 7 月 26 日在纳斯达克上市。2019 年 6 月 11 日，拼多多入选"2019 福布斯中国最具创新力企业榜"。

拼多多社交电商的核心是"社交+拼团"，以低价为核心吸引力，以每一个用户为传播点，借由微信等社交工具迅速聚集大量用户，再以大额订单获得商家低价供货，由"人"来找"货"。从获取客户到完成交易全流程，在每个节点均引导用户进行分享。通过红包、砍价、累进优惠等丰富形式，促进相关商品信息在用户之间高度传播。拼多多以"低成本引流+直连工厂+爆款打造"模式为商品低价提供保证，购物流程也是极简化，以降低购物门槛而尽快锁定消费者。拼多多对于目标市场地理位置的划分在以三、四线中小城市为主，以一、二线大城市为辅。目前拼多多的用户中 65.7%为女性，女性用户更为突出，同时 25—35 岁年龄段的用户占比超过 50%。拼多多的交易过程如图 4-1

所示，图 4-2 为 2018 年三大电商平台用户城市层级分布。

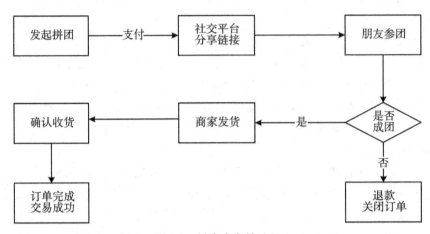

图 4-1　拼多多交易过程

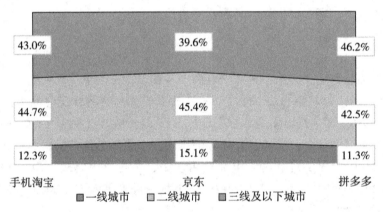

图 4-2　三大电商平台用户城市层级分布（2018 年）

　　拼多多依托于"农田直连小区"的上行体系和"前店后厂"的新型农村
生产模式，已经成为中国最大的农产品上行平台之一，农村地区的卖家借此将
特色农产品大规模销往全国。其中，仅湖北而言，宜昌蜜橘、秭归脐橙、湖北
鲜鸡蛋在全国成为热销。

　　2019 年 12 月 20 日零点，拼多多联手 30 万家品质商家与近千头部农副产
品品牌，共同启动"年货节"。年货节期间，拼多多全平台将发放总额高达 40
亿元的红包，用真金白银补贴和 5 亿名消费者一起过大年。其中，主打品牌就

是农产品。

这种依托"年货节"带动销量增长的模式，其本质还是回归到"拼农货"，解决了传统搜索电商场景下，农货被动等待搜索、销量难以持续的普遍性难题。截至 2018 年年底，拼多多平台注册地址为国家级贫困县的商户数量为 14 万家，此类主营农产品和农副产品的商户，年订单总额达 162 亿元，带动当地物流、运营、农产品加工等新增就业岗位超过 30 万个。①

与此同时，通过主动向 5.363 亿名消费者呈现"产地直发"优质农产品的方式，打造农业产业链系统，有利于改变农户的利益分配格局，让产业利益变得更加平衡。截至 2018 年，平台实现农副产品销售额 653 亿元。

拼多多目前面临许多问题和挑战。拼多多对进驻商家的低门槛产生了假冒伪劣和山寨货的问题。中国电子商务研究中心发布的数据显示，2017 年全年，拼多多针对商品质量问题的投诉量高 13.12%。随着竞争的加剧，获客成本优势逐步丧失，拼多多的单个用户维系成本从 2017 年第四季度的 5.5 元增加到 2019 年第一季度的 38.6 元。在低价定位下，拼购类社交电商平台客单价低，占据平台大体量的长尾商户毛利率已经处于很低的水平，如果激进地提升货币化率，将损害平台商家基础。如果维持目前的价格策略和商户结构，拼购类社交电商平台货币化率提升的空间比较有限。拼多多在升级过程中也需把握好消费者、商家和平台之间的利益平衡。

2. 云集

云集创立于 2015 年 5 月，是一家由社交驱动的精品会员电商，为会员提供美妆个护、手机数码、母婴玩具和水果生鲜等全品类精选商品，致力于通过"精选"供应链策略，以及极具社交属性的"爆款"营销策略，聚焦商品的极致性价比，帮助亿万消费者以"批发价"买到全球好货。会员制社交电商指在社交的基础上，以 S2b2C 的模式（云集的 S2b2C 模式如图 4-3 所示）连接供应商与消费者实现商品流通的商业模式。分销平台（S）上游连接商品供应方，为小 b 端店主（个人店主）提供供应链、物流、IT 系统、培训、售后等一系列服务，再由店主负责 C 端（消费者）商品销售及用户维护。用户通过缴纳会员费/完成任务等方式成为会员，在不介入供应链的情况下，利用社交

①《拼多多 2019 年农产品销售额将超 1200 亿元，创新超短链接欲破解农产品上行难题》，载《长江商报》，http://www.changjiangtimes.com/2020/01/603719.html，2019 年 10 月 19 日访问。

关系进行分销，实现"自用省钱，分享赚钱"。

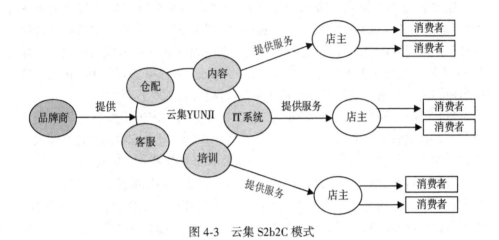

图 4-3　云集 S2b2C 模式

发展会员电商模式可以保证用户忠诚，复购率保持在一定水准，从而使得很多数据变得可预测，这对于零售而言是宝贵的。"云集模式"具有强供应链、品质精选、用户黏性高和社交分享四大特征。社交电商不能轻商品重社交，云集通过"精选"+自有品牌+独家专供三大方式推动"商品供应链升级"，不断提升"内功"。

作为领先会员制电商，云集自 2016 年、2017 年、2018 年买家数一直持续上升，分别为 250 万人、1 690 万人和 2 320 万人，付费会员则分别达 90 万人、290 万人和 740 万人。

2019 年 5 月 3 日，成立不到四年的云集成功登录纳斯达克，但与拼多多的崛起路径不同，云集的高速发展离不开其会员的"社交裂变"。根据云集平台现有规则，用户在缴纳一定费用后，可以自动成为云集店主。他们进而可以通过"拉人头"以及获取下线分销佣金的方式坐享收益。

云集在电商渠道下沉、电商扶贫模式、农产品上行通路、新农人培育等方面下足工夫，逐渐摸索出一条适合农业产业振兴、农民创业致富的"双育模式"。从农业标准化、数据化、品牌化、产业化四个方面同时发力，齐步推进优秀新农人"育人"、优质农产品"育品"两个重要抓手，形成以人带品、以品带业、以点带面的电商扶贫模式，扶贫方式成熟，扶贫成效显著，为改变农业、发展农村、帮助农民贡献云集力量。2017 年，云集携手浙大 CARD（浙江大学中国农村发展研究院）中国农业品牌中心，共同发起云集"百县千品"项目,旨在帮助一百个左右的贫困县提升农产品品牌,助力乡村振兴。截至 2019 年 3 月,"百县千品"项目已为全国 22 个省份 51 个贫困县孵化 56 个农产品品牌,销售各类农产品超过 3300 万斤,销售额突破 2.08 亿元,惠及人数超过 189 万。此外,其"双育模式"两次被写入国务院扶贫办典型案例。①

2018 年 3 月,云集投入 1 亿元专项扶持资金,联合浙江大学全球农商研究院,发起"乡村振兴千人计划",通过"选拔一批、提升一批、赋能一批"返乡创业新农人,将他们打造成为农村创业致富带头人,并以"一人创一品,一品强一村,一村带一镇"的理念,帮助他们带动更多身边的贫困农户脱贫。运用新制造的业态,云集成为"精准扶贫"的一支新生力量,通过会员平台的消费,大大降低了"农产品进城"门槛,推动了"电商扶贫"下沉落地。

云集把品牌商、仓储配送、产品内容、销售培训、IT 系统、客服等资源全部整合到云端,将商品和服务信息数字化,再将数字化信息众包给数百万云集店主。这种"渠道众包"和"媒介众包"的零售方式,既加快了商品信息传递的速度,又最大限度地降低供应链运营成本,省略了所有中间环节,有效提高了运营效率,形成了农产品上行的高速公路。云集微店正是通过整合口碑与分享的力量实现供需的快速对接,这不是一家公司、一个平台能够快速地自己生产出来的,而是要与社会信任、口碑以及产生社会影响力的中心化节点合作。

3. 每日一淘

每日一淘成立于 2018 年 4 月 28 日,由北京每日一淘共享科技有限公司研发的精选会员制电商平台,是采用前端社交分享+会员制,后端直采+直供的 S2S 共享创业模式,基于供应链选品优势、社群平台运营以及技术研发能力,打造的一个新型的专业精选会员制电商。每日一淘精选全球好货,一方面通过产地直供、直采,确保产品品质,另一方面每日一淘团队通过 PGC+UGC,快速完成大量社交化内容设计与制作,让会员分享,引发大量自发传播。经过一年时间的发展,目前平台拥有近 2 万 SKU,用户量超过 1000 万人,每日一淘用户群目前集中在三、四线城市,非一、二线城市用户占比近 70%。

---

① 《电商扶贫,从滞销变畅销的云集农货》,载和讯网,https://news.hexun.com/2019-03-30/196669761.html,2019 年 12 月 22 日访问。

　　每日一淘在成立 4 个月内完成两轮融资，在 2018 年 7 月完成 3000 万美元 A 轮融资，在 11 月完成 1 亿美元 B 轮融资，2019 年 5 月上榜《2019 一季度胡润中国潜力独角兽》榜单。2019 年 2 月，每日一淘甄选出 10 余家大型供应商的 120 余个商品，在北京、深圳、广州等全国 21 个主要城市，开通次日达频道，当天下午 3 点前下单，次日收到包裹，做到了集中力量优化升级物流配送中各个环节。"次日达"的背后，是每日一淘基于共享理念、充分整合物流资源的运作模式。区别于传统电商平台和实体零售企业自建仓储模式，以及另一部分电商的无仓模式，每日一淘选择使用"弹性轻资产"的仓储模式，即利用全国性供应商在全国各地的分仓，或是利用指定合作商现有的云仓进行合作。

　　每日一淘创新"会员邀请制"，并且在去年 11 月 28 日升级为"免费邀请制"，取消了 399 元的会员礼包门槛，只需满足在每日一淘小程序上注册粉丝数条件，便可免费成为会员。对于会员，每日一淘打破了层层代理、层层压货的传统商业模式，打造了一个低风险创业平台，与每位创业者共享品牌、团队、技术和供应链资源，助力草根创业。

　　在前端，每日一淘可充分发挥社交场景威力，连接去中心化的社群，从而让零售平台的触角向纵深延伸，将社区和社群的流量转变为购买力，为消费者提供精选好产品，助推消费升级。在后端，买手直接深入产地精选好商品，缩短流通链条，反向赋能供应端，降低采购和流通成本，每日一淘就能连接优质商品生产者、消费者、会员以及产业链各环节的参与者，用大数据打造"爆款"，形成一个共享赋能型农业经济体，实现"让扶贫从消费者开始"的新思路。每日一淘首创"四个一"产业扶贫模式，即打造一款特色商品，培训一支电商团队，帮扶一家龙头企业，受益一批贫困家庭。

　　每日一淘在扶贫方面发展显著，2018 年 10 月江西安远甜心红薯扶贫活动入选部委电商扶贫典型案例，2018 年 11 月与陕西富平县人民政府达成扶贫战略合作协议，2019 年 6 月与新疆果业集团签署战略扶贫协议。

　　每日一淘称自己为"生鲜零售江湖的新变量"，消费者的多层次性带来消费升级的多层次性，开辟生鲜零售的新蓝海。以非标品为核心的多品类扩展是每日一淘的未来努力方向，除了基本的水果、蔬菜、乳品、肉蛋、素食和水产以外，每日一淘还将开拓茶叶和鲜花市场，全面覆盖消费者的需求。同时，每日一淘还将进一步打造自己的商品供应体系、专业冷链物流体系和社交化运营团队，巩固自身发展。

4. 有好东西

2017 年 7 月，有好东西 App 上线。有好东西从生鲜、农产品切入，通过和"甄选师"群体合作，以微信社群为"场所"，做产地直供的精选商品，这些甄选师可以看作平台的"渠道"，以去中心化的形式为社群内的会员提供优选商品。2018 年 1 月社群零售平台"有好东西"获 2000 万美元融资，2018 年 7 月，有好东西完成 5000 万美元 B 轮融资，聚焦社交电商下半场。有好东西的宗旨是"分享好东西，让每个家庭拥有快乐和健康"，即帮助都市妈妈构筑健康快乐的家庭，帮助诚信农民改善农业的生态源头。从需求端出发，让每个用户都能以合适的价格买到合适的商品，有好东西只聚焦几百个库存量单位（Stock Keeping Unit，SKU）来做真正的精选，帮用户甄选出好产品，让用户减少决策时间。

在有好东西，甄选师会通过大数据研究会员的消费习惯和偏好，把会员的反馈结果给到寻味师团队，然后寻味师们按照会员的要求进行选品。并且在产品上架后，甄选师会再次将会员对已上架产品的反馈给到寻味师，帮助寻味师对产品进行升级迭代，从而保证寻味师能够及时把握消费者需求。现阶段平台的甄选师已经超过了 1.5 万人，也就是说服务范围覆盖了超过 1.5 万个社群，单个成熟社群内，有 100—200 名会员，每个老会员的月度购买保持在 4—6 次的水平。甄选师之外，在有好东西团队内部"寻味师"负责选品和供应链，他们需要直接到产地和工厂寻找优质商品，除了从产地端直接对供应链进行"定制"外，也会和成熟供应商品牌合作。有好东西坚持要求每个寻味师每个月最多可上传 1—2 款商品，给寻味师留出足够的时间和精力用来打造高品质产品，确保产品能够根据用户需求的变化而不断优化迭代，从而确保产品的品质，让每个消费者在这里闭着眼睛都能挑到好东西，减轻消费者的"选择的焦虑感"。在选择选品逻辑上，团队会结合家庭人群消费场景、妈妈群体的特性，挑选细分品类中的性价比足够高的产品：平台上单一品类的 SKU 会控制在 1—2 个。

现阶段，有好东西的整体 SKU 数量在 200 个左右，其中有好东西定制的自有品牌产品占到了 40%—50%。在有好东西的"寻味师 To 甄选师"的双核体系下，消费者基于对甄选师的信任，产生了相应的购买行为。如果这个产品达到或者超出他自己的预期，那么就会拉近双方之间的关系，提升他对甄选师的信任，之后这些信任也会催化出更多的购买行为，形成一个良性的循环。为了保障水果类产品的口感和新鲜度，有好东西在严格把控最佳采摘期的同时，将这些水果类产品用空运的方式，以最快的速度送到消费者面前。选出的商品要经过公司产品部论证调研，还要送到专业机构进行质检，最终符合标准的商品才被提上选品会，然后有规划、有节奏地呈现给会员消费者，有好东西更偏重以品质来吸引消费者。

除了精选之外，有好东西还成立了社群，方便寻味师和消费者之间的沟通，帮助寻味师更精准地洞悉消费者的需求，让每个消费者在有好东西都能买到最适合自己的产品。在有好东西，社群领袖通过社群及时地反馈做好"消费者的代理人"，帮助消费者找到最适合他的产品。此外，社群传播的深度和频次，可以保障用户对会员制品牌快速建立信任，更好地进行口碑传播。

有好东西聚焦中等收入目标用户，切身实际地为这部分用户解决消费需求。每一个用户要进群并不是没有成本的，一般情况下如果两个月没有互动或者买产品的群成员就会自动视为放弃。在这样的规则下，会员制品牌完全可以筛选出愿意相信你，同时愿意在你这儿进行复购的用户。在有好东西，等级越高的会员可以享受的权益也就越多。高级别的会员甚至可以享受专属的顾问支持、每月还有试吃优惠券以及受邀参与各种线下活动等权益。而这样健全的会员制体系增加了会员和平台之间的黏度。

5. 京东拼购

2018 年 6 月京东拼购上线，向个人开放并可正式申请入驻；2018 年 12 月京东成立拼购业务部。京东拼购是基于京东商家，利用拼购营销工具，通过拼购价及社交玩法，刺激用户多级分享裂变，实现商家低成本引流及用户转化的一个工具，主打"低价不低质"概念。京东拼购拥有京东 App、京东微信购物、京东手 Q 购物、京东拼购小程序等六大无线场景流量入口，以"产地直供"的模式，直接对接供货源头，去掉中间成本。

京东拼购，通过"拼购"这样一种简单、便捷的方式，让消费者以更低的价格购买优质商品。同时，这种"拼购"模式实现了消费者对某一种商品在同一时间的大量需求，低价带来的规模经济，保证了运营商的利润。京东拼购小程序还推出了"超级秒杀日""限时抢""摇福袋拿现金"以及游戏互动等多种方式，成功博得了消费者的眼球，增添了网上购物的娱乐性。丰富多样的社交互动营销手段，也建立了品牌与消费者之间的多维链接，满足了人性的社交购物需求。

基于京东商家，利用拼购营销工具，以低价不低质及社交玩法为手段，刺激用户多级分享裂变，实现商家低成本引流及用户转化。通过微信、京东

App、京东拼购小程序等多渠道社交关系链传播，实现分享营销及流量裂变，销售集中爆发。海量品质低价商品，更有 1 分钱抽奖、团长免单、9.9 元拼、明星拼团等多种玩法，让用户在社交场景中引入趣味性购物体验，提升好友互动率与传播口碑。拥有拼购等可以带来大量流量的产品来"产粮"，快速并持续积累用户，提升销量。

升级后的京东拼购也为商家提供了全新成长赋能方案，对于新手商家，提供无门槛工具助力商家开启社交电商新起点；对于进阶商家，解锁社交电商新玩法；对于高段位商家，提供专项整合营销方案助力商家打造行业新标杆。根据京东的预期，在微信社交流量和全品类商家入驻的双向加持下，拼购将更精准地匹配商家和和用户需求，成为京东面向低线市场的"下沉新引擎"。

6. 贝店

贝店创立于 2017 年 8 月，是贝贝集团旗下的社会化电子商务平台。贝店以 S—KOL—C 模式，通过社交化分享传播，实现消费者、KOL 店主以及供应链的三方连接：贝店构建以 KOL 为节点的多社群生态，每个 KOL 就是一个中心，作为连接 S 和 C 的桥梁。在这种模式下，贝店用去中心化的方式获取流量，每个 KOL 都是贝店的流量来源；用中心化的方式提供服务，用贝店自有的供应链、营销、商家体系来为用户服务，从而实现供应链、KOL 和消费者之间多维连接。

在贝贝集团资源优势的加持下，贝店在成立不到两年的时间里快速发展，2019 年年初，贝店会员用户已突破 5000 万人，单季度订单量突破一亿。贝店通过邀请码的方式邀请开店，店主通过微信和朋友圈的分享，把商品或店铺推送出去，从而达到购买和获利。它的盈利模式前期主要靠的是源头直采带来的商品盈利，以及开店商品的销售等；后期还可以靠品牌入驻费+增值服务+广告等收入。用户群体主要为：宝妈、白领上班族、自由职业者。店主年龄主要分布集中在 26—40 岁；店主性别主要以女性为主，占比 75%。

贝店核心优势有以下几点：在资源方面，背靠贝贝集团在电商领域多年的深耕探索，经验丰富且积累了丰富的宝妈用户资源，获得高瓴资本、创新工场、高榕资本、IDG 资本、今日资本等知名投资机构投资。在供应链方面，采购端采用自营加品牌直供的模式，与全球众多优质品牌方、工厂及农业生态种植基地达成战略合作，物流端形成智能高效仓储系统，与众多物流服务商达成深度合作，构建智慧供应链联盟。在技术方面，全智能 IT 系统支持；拥有强大技术团队，利用智能机器人、大数据精准推荐，与腾讯云达成战略合作，在社交电商领域就人工智能、大数据、云计算等方向进行深度探索。在服务方面，对 KOL 分销商提供全面指导培训与全系列营销素材，降低门槛，帮助 KOL 零成本创业；对消费者提供高性价比产品，快速高效的物流以及完善优质的售后服务。

贝店一直非常注重整体供应链的建设，贝店的智能供应链分为前端的产源，中端的物流运输以及运营与售后的保障。贝店通过聚集优秀的物流服务商，建立全国智慧供应链联盟，在智能仓配、产地直供、物流客服、退款售后、逆向物流、物流时效六大方面实现全面升级。

此外，贝店还与腾讯云达成战略合作，未来将在社交电商领域就人工智能、大数据、云计算等方向进行深度探索。贝店已经与三千多个品牌商达成战略合作，确保产品价低质优，走进全国 26 个产业基地，帮助 540 个工厂打通从生产制造到销售的通路建设，建立助农示范基地，从产源地采购商品，丰富平台品类及货源的同时帮助农村优质农产品的出山，截至 2019 年 6 月，45 个"一县一品"已经进行了品牌签约，建立 33 个精准扶贫基地。以品牌助推品牌，以品质保障品牌，贝店利用自身的平台优势和网络资源，除了帮助当地直接代销优质农产品，还积极与当地企业、农户多方合作，深入农产品种植前端，通过品类指导、产业合作等方式，开展优质农产品再加工，优化产品质量，提高产品附加值，从而在源头上进一步提增了当地农民的收入。

7. 环球捕手

环球捕手隶属于浙江格家网络科技有限公司的个性生活美食平台，成立于 2016 年 4 月，以美食为核心，辅以社交电商、内容电商和自营品牌等多重属性，与山本汉方、明治、卡乐比、SWISSE、饭爷、同仁堂等全球美食品牌合作，致力于发掘和分享全球美食及美食文化，积极打造以美食为主的全球化生活体验平台。自上线以来先后获得经纬、真格、顺为、平安、广发、众为和浙大友创等基金的多轮投资。

环球捕手从全球精选 20000 多种特色美食，还与谢霆锋"锋味曲奇"、"蔡澜"、林依轮"饭爷"等明星品牌合作，打造个性化的美食电商，使消费者足不出户即可享受全球化的美食生活。2017 年 11 月 11 日凌晨，"双十一"购物狂欢节，环球捕手连续两天（10 日、11 日）首小时营收过千万元，平均客单价 285 元，共有 9 大类目上千个品牌 1500 万用户参与环球捕手"双十一"两天的购物狂欢。2018 年 2 月 3 日，环球捕手宣布获得浙大友创投资旗下文辰友创基金战略投资，估值接近 20 亿元。

环球捕手在全球范围内搭建保税仓、国内仓、海外直邮仓等物流体系，缩短消费者和全球美食之间的距离，让消费者可以快速、低价地享受全球美食。消费者在环球捕手上购买的商品，均由中国人民财产保险股份有限公司承保，同时平台承诺假一赔十。环球捕手提倡个性化的美食生活，追求个性化、非标品的美食选择。环球捕手从拥有 20000 多种美食的食品库中，精选全球 2000 多种有特色的美食供消费者选择。消费者可以在环球捕手根据自己的口味选择美食。

环球捕手还在分享美食文化这件事上表现积极，2016 年与简单生活节、伍德吃托克、最爱吃货节等合作，以美食文化搭建线下吃货聚集所。还与土地母亲计划合作扶贫助农，将深山中的美食和生活带出来，为大家展现原生态的美食生活。同时，环球捕手还积极拍摄美食生活短视频，推动美食文化传播。

环球捕手明面上有三个等级，分别是环球捕手普通会员、服务商（经理）、优秀服务商。新用户在环球捕手上购买 399 元的指定产品，即可开通"捕手会员"，同时成为"环球捕手店主"。在利益划分上面，环球捕手有着自己的一套制度，普通会员可以获得其下级销售佣金收益的一定比例，并且每发展一名会员，可以直接获得 100 元的分成。在销售金额达到 1 万元之后，就可以升级为经理级会员，这时不仅可以获得直接下属的销售分成，更可以获得下属的下属的销售分成。在销售额达到 30 万元后，就可以升级成为优秀服务商，可以获得团队里所有人的销售分成。

8. 小红书

小红书成立于 2013 年 6 月，实际上是一个社区跨境电商平台，由跨境电商福利社与海外购物分享社区两部分组成，利用 B2C 自营模式，UGC 的内容生产模式是小红书最重要的产品决策，其奠定了小红书在日后发展过程中贯穿始终"分享美好"的社区基因。小红书的商业化生态是基于"品牌号"的一站式全封闭，从种草—购买—分享使用体验的完整闭合链路，通过内容—消费—内容的正强化循环滚起内容雪球，打造的网红产品让消费者变身口碑传播者，为品牌带来更多新用户。

小红书平台创建的主要目的是让人们可以足不出户地购买到全球想要的产品，经过用户创造内容共享到社区平台，把线下顾客的购买欲转变到线上。小红书平台传送的产品和海外购物可以让用户轻松地得到产品，在一定程度上激起了消费者购买的欲望。小红书利用大数据把自身目标客户准确定位为"80后"和"90后"的年轻群体。小红书 App 在使用时为用户设计了很多小彩蛋，如拉到底时就会为用户提示"没了，别拉了"，如果出现网络不流畅时就会为用户提示"常在网上混，总有卡住的时候"。通过这些人性化的提示语，可以更容易地加深人们对小红书平台的记忆，具有较强的传播性，因此小红书平台逐渐地发展成为年轻群体喜欢的网购平台。小红书平台借助商业智能系统可以搜集用户在购买之后提出的各种意见，通过分析这些意见可以进一步完善平台，以便于符合用户购买的需求。通常情况下都是利用短信、Email、优惠券等方式进行发放。小红书平台根据用户画像，选择性地为用户发送优惠券。如果用户优惠券快到使用期限时，小红书平台会为用户发送提醒短信。小红书通过大数据分析了解用户的喜好，并经过优质内容的编辑和管理打动目标用户，通过信息流、搜索等渠道实现精准触达，之后在电商板块转化成交易。

在小红书上，明星带货（即明星宣传营销）一度是商品销售的重要方式和出口。据不完全统计，截至 2020 年上半年，小红书上粉丝过百万名的明星已经超过 10 位。明星带货是一种较为有效而且多赢的销售方式。目前小红书已有超过 2 万个品牌号，用户通过生活笔记和讨论与"品牌号"建立起了联系。除了"品牌号"的产品，小红书还有一个连接品牌合作人（博主）与品牌的数字化平台。小红书平台流量不断增加，也会出现一些虚假广告和软文。小红书每天有 1000 多名审核人员，对上传的笔记进行审核，如果发现软性植入的广告内容，会直接屏蔽，从而保证内容的真实性。

根据小红书官网公布的数据显示，截至 2019 年 7 月，小红书的注册用户量超 3 亿名，月活跃用户超 1 亿名，其中 70% 为"90 后"年轻用户，一二线"90 后"城市女性用户覆盖率接近 100%。作为平台经济的典型代表，小红书商城吸引了超过 30000 个品牌商家。

9. 微选

2018 年 1 月 22 日，由京东与美丽联合集团共同成立的新合资公司宣布，基于微信发现频道中的"购物"一级入口建立的电商新平台，正式命名为"微选"，并发布品牌定位语"微信好店大全"，同时"微选"平台宣布全面启动招商。

"微选"平台于 1 月 22 日同时宣布全面启动招商。"微选"平台招商负责人介绍，在招商范围上，平台涵盖全行业、全品类的商品及服务，线上各大平台以及线下各行业有意在微信市场经营的企业和个人商家，均可申请入驻，且不限制成交渠道。拥有一定店铺运营经验、资质、供应链、团队的商家优先考虑入驻。商家入驻"微选"平台，无须缴纳任何保证金和佣金，以实现最大限度地让利于商家。平台还将提供丰富工具，帮助商家把顾客沉淀到自己的个人微信、微信群、公众号、店铺等，帮助商家建立、盘活私域流量。微选的生态更像一个"开环"，让整个系统内专业的人来做专业的事，形成自驱，服务好商家。

"微选"平台一期首先将基于微信发现频道的"购物"入口，向广大电商商家特别是中小微商家开放微信生态中的优质流量，打造"微信好店大全"。平台聚合微信内各种商家商品信息，通过算法匹配、社交互动、多媒体内容等方式，帮助用户发现丰富、优质的商家商品。平台通过独立的商家主页，帮助商家打通微信内各项工具和开放能力，开放多种渠道和方式实现交易的同时，平台还在技术和产品上进一步支持商家自主服务顾客，实现"去中心化"经营。

上线以来，微选继续强化其社交电商的属性，通过开发"聊一聊"等功能，帮商家与顾客建立起更高效的社交通道，提升营销及转化效率。与此同时，微选进入了微信"京东购物"首页的商品搜索入口，同时新增了商品详情页，商家可直接在聊天中向用户推送商品的小程序消息卡片等。

10. 礼物说

礼物说，新一代移动电商，主打礼物和全球好货指南，主要涵盖礼物、家居、服装、饰品、零食等类目，有导购和自营两种商业模式。由温城辉与其核心团队创办于2014年7月。针对送礼物和挑选生活好物的痛点，用户既可以查看每日精选推荐，从送礼物、挑选家居用品和服装零食等多场景获取热门的导购指南，也可以在自营模块挑选国内、国外的精品好物。礼物说采用"媒体+电商"的运营模式，提前为用户构建使用场景。礼物说上线一年时间，估值已达2亿美元，用户突破1500万名，年销售逼近10亿人民币。

礼物说以"礼物攻略"为核心，收罗时下潮流的礼物和送礼物的方法，为用户呈现热门的礼物推荐，意在帮助用户给恋人、家人、朋友、同事制造生日、节日、纪念日的惊喜。除了每日更新专题精选礼物攻略之外，礼物说还推出"礼物清单""生日提醒"和"定时闪购"等特色功能。礼物说坚持以高品质的PGC提供礼物、生活杂货、服饰、食品等丰富的媒体内容，用户可利用碎片化时间进行阅读，增加了产品黏度。礼物说的运营模式顺应了电商3.0的重要趋势，提前为用户构建使用场景，通过主动的个性化推荐节省用户操作的时间成本，礼物说紧紧抓住了大批"90后"用户，年轻人流量十分巨大。

礼物说的发展阶段可以大致分为四个部分。

第一阶段市场探索，2014 年 8 月至 2014 年 10 月（礼物攻略）——这一阶段的主要目的为确立产品早期形态。通过 MVP 产品来验证用户对礼物攻略这一核心需求的反馈。

第二阶段积累打磨，2014 年 11 月至 2015 年 7 月（礼物攻略为核心，开拓单品）——这一阶段的主要目的为积累用户行为数据，打磨产品。笔者把这个阶段理解为礼物说在用户需求验证之后对产品的深耕细作及需求拓展。

第三阶段迅速爆发，2015 年 8 月至 2015 年 11 月（"90 后"电商）——这一阶段的主要目的为用户增长与盈利拓展。通过覆盖"90 后"用户的更多需求，达到用户与盈利的双增长。

第四阶段平稳增长，2015 年 12 月至 2016 年 12 月（"90 后"生活方式）——这一阶段的主要目的为品牌与盈利。将礼物说的品牌定位升级为"90 后"生活方式，融入更多的"90 后"IP 文化，全面追求交易额的数据增长。

礼物说运营推广模式脱颖而出。内容运营：平台强调产品内容的质量与调性（暖），了解"90 后"的需求，同时，用户拥有属于自己的 feed 信息流，平台为其提供个性化攻略推荐。线下运营：礼物说采取众包的模式，将店铺交给学校附近的大学生进行运营，"他们会更了解自己的朋友想要什么，在选品上也会更加有针对性，成为连接消费者和平台的重要纽带。任务不需要赢过淘宝，只需要赢过这条街，定位非常明确。早期推广：早期寻找种子用户时，礼物说先后通过官方微博策划了一些活动，其中快看漫画的联合推广收效十分显著，3 个月的时间就获得了 100 万用户。礼物说很重视线下广告宣传，广告虽很"low"，但抓住了用户的情感需求，效果很好。礼物说通过公开招募匠人，以创意化的流程打造"百万单品"。其本质上是平台从内容、社交逐渐转向供应链，把品质、定价权和对消费者的反应掌握在手中，摆脱了原先纯粹导流的身份，这种模式对于电商平台来说是很创新的。

11. 阿里集市

阿里集市是一家新零售新社交电商创业平台，作为健康家庭生活的创造者、引领者和倡导者，一直以来坚持研发和引进优质健康的生活产品，通过全球顶级供应链研发生产，正品保证、全球同步、每月爆品、标准化管理，每件都是消费者喜欢的刚需产品。

阿里集市采用前端分享+会员体系，后端建立产地直采供应链，整合品牌资源，平台负责配送和售后服务体系，砍掉层层中间商赚差价环节，购物享受批发价，提供高品质生活一站式解决方案，致力于打造全球最多成功创业者的孵化场。

阿里集市创始人和建先生正是希望从生活切入，做一个能让所有人梦想成真的好平台。2019年，他创建了阿里集市，坚持为消费者研发和引进优质健康的生活产品，并致力于打造全球最多成功创业者的孵化场，希望把幸福带给尽可能多的人。

在这个全新互联网社交时代，社交工具已经成为现代人打破年龄圈层的全民级社交平台，拥有着不可估量的经济潜力，让会员制电商成为时代发展的趋势。

他们一直以来都秉持着一个信念——凝聚一份爱、吸引一群人、做好一件事、持续一辈子。阿里是生活里的爱你，集市是生活里五花八门的幸福，"阿里集市"是"爱你的幸福"。"我们在意的每一个美好生活里，都与你相关，都为你存在。"

作为一家新零售新社交电商创业平台，阿里集市深挖S2B2C的模式优势，致力通过"优品低价"策略，砍掉所有中间商差价，为会员提供超高性价比的全品类优选商品，购物享受批发价。

消费者通过社交网络分享个人店铺和商品链接获得利润。用户既是消费者也是经营者，消费者通过消费升级成为经营者，通过分享产品让好友购买，自己获得奖励，让每个消费者通过自用和分享产品获得创业机会，以"分享经济"的模式实现"一键分享、永久锁定，终身分红"。

"官方直采精品"是阿里集市能够实现"购物享受批发价"的秘诀之一。传统电商经过中间商层层加价，消费者拿到的价格溢价达30%左右。阿里集市与一线大牌的品牌方、源头工厂直接合作，通过官方自营+品牌商直供的模式，在保证正品的前提下实现低价。同时，阿里集市将中间商利润返还给会员，保证会员们能以批发价买精品、买大牌。

阿里集市以不断提升"品质与服务"为核心发展理念，平台大力推动农创战略发展模式并精准落地，越来越多的农村网商卖家进驻阿里集市平台。在把控农产品品质及完善供应链上，公司坚持派专人实地考察，并携手做好当地县域政府的本地招商及优质商家的筛选，共同打造优质农产品实现上线销售。基于社交信任、口碑传播等方式销售产品，阿里集市解决产品信息不对称并提供线下撮合服务，为优质农产品的"上线进城"找到了解决方案。这些带有原生态色彩的产品，在阿里集市的推动下走向全国千家万户，精准实现助农增收。

4.4 小结

近年来,随着移动互联网的普及和社交电商平台的出现,在"农货上行"领域也出现了新的探索。在中国"农货上行"体系中,以拼多多、云集、贝店等为代表的新兴社交电商"新军"积极探索,重塑农产品供应链模式,让小农户与大市场实现低成本对接,促进小农户和现代农业发展有机衔接,推动农业供给侧结构性改革,有效助力了中国农业农村现代化进程。

同时,农产品社交电商的发展将继续释放农村生产要素,推动农民增收,创造乡村就业机会,促进人才回流,以数字农业发展模式助力农村地区产业结构转型升级,实现电商兴农、乡村振兴。

第5章　社会化电子商务与食品安全

5.1　食品安全问题的根源探析及反思

5.1.1　食品安全内涵

食品安全（Food Safety）是一个复杂、多层面、动态、综合性的概念，任何单方面对食品安全的定义都是片面的，因而，学术界迄今对食品安全仍然没有一个明确统一而普遍接受的定义。

早在1984年，世界卫生组织（WHO）在《食品安全在卫生和发展中的作用》中将食品安全定义为：生产、加工、储存、分配和制作食品过程中确保食品安全可靠，有益于健康并且适合人消费的种种条件和措施。随后1996年其在《加强国家级食品安全性计划指南》中将食品安全界定为，"对食品按其原定用途进行制作和食用时不会使消费者受害的一种保证"。国际食品法典委员会（Codex Alimentarius Commission，CAC）对食品安全的定义为，"消费者在摄入食品时，食品中不含有害物质，不存在引起急性中毒、不良反应或潜在疾病的危险性"。2009年的《中华人民共和国食品安全法》将食品安全界定为，"食品无毒、无害，符合应当有的营养要求，对人体健康不造成任何急性、亚急性或者慢性危害"。

因而，根据上述定义可以将食品安全理解为：从生产到消费（包括贮藏、加工、运输和销售等）的食品链的各环节经过正确处理，食品中不含可能损害或威胁人体健康的有毒、有害物质或因素，从而导致消费者急性（或慢性）毒害或感染疾病，或产生危及消费者及其后代健康的隐患。

近年来，食品安全的内涵得到了进一步延伸，不再局限于质量安全，而是涉及营养、健康、环保、生态、伦理等。例如，食品安全会考虑绿色生产和可持续发展，重视动物福利，考虑生产者的工作环境，甚至会考虑转基因技术，以及碳排放和碳足迹等。

5.1.2　食品安全属性

基于消费者获取质量信息的方式或获取质量信息的难易程度，可以将产品分为：搜寻品（Search Goods）、经验品（Experience Goods）和信用品（Credence Goods）三类（Nelson，1970；Darby 和 Karni，1973）。其中，搜寻品是指消费者在购买前就能识别其质量；经验品是指消费者在消费后才能识别其质量；信用品则指消费者即使在消费后仍难以识别其质量。就生鲜食品而言，产品的形状、大小、颜色和包装等外观特征具有搜寻品属性；产品的口感、味道和韧性等特征则具有经验品属性；而产品的农药（兽药）残留量、重金属含量、硝酸盐含量以及是否为转基因产品等则都属于信用品属性。

食品的安全特征中，如化学污染（农药、兽药残留和添加剂）和微生物污染，以及生产与流通方式等，这些特征都具有信用品属性，而信用品属性导致生产者与消费者之间，生产者与政府以及消费者与政府之间，都面临着严重的信息问题，包括信息的对称不完全和信息的不对称不完全（Antle，1995）。① 信息的不对称就会导致逆向选择的问题（Akerlof，1970）。由于无法识别生产者是否以劣充优，消费者支付意愿维持低位，生产者收益无法弥补生产高质量食品的高成本，优质食品很容易被低劣食品"驱逐"出市场。同时，由于消费者难以直接观察到生产者的生产行为，有些生产者在利益的驱动下不择手段地降低成本②，即使采用的技术或原料会危及消费者的健康乃至生命，从而造成极其严重的道德风险（Starbird，2005）。食品市场的信息不对称导致巨大的交易成本，严重降低了市场效率（Stiglitz，2002）。因此，食品安全所具有的信用品属性引起信息不对称，而信息不对称会导致逆向选择和道德风险。

5.1.3　食品安全问题的根源

食品安全问题的研究始于 20 世纪初，当时，食品安全问题主要体现在假

---

① 不对称信息（Asymmetric Information）指的是买者与卖者之间的食品信息不对称，食品信息对卖者是完全的，而对买者不完全；不完全信息（Incomplete Information）是指卖者或买者不了解食品质量安全特性；对称不完全信息（Symmetric Imperfect Information）是指买者和卖者信息都不完全；不对称不完全信息（Asymmetric Imperfect Information）是指对卖者信息完全，对买者信息不完全。

② 我国食品安全问题主要出于经济利益（降低成本、改进外观和提高产量等）有意而为（伍建平，1999；王秀清等，2002；卫龙宝，2005）。

冒伪劣行为方面，因而，其并未引起人们的重视。后来，随着科技的不断发展和生活水平的日益提高，食品安全问题才逐渐受到人们的关注，相关研究也逐渐增加。其中，食品安全问题的经济学研究始于 20 世纪 60 年代，80 年代之后才开始快速增加。

国内外相关学者对食品安全问题产生的原因从不同的角度进行了深入分析，有从食物生产、流通到消费的整个供应链或产业链的角度、从检验检疫的角度、从技术进步的角度、从市场和政府失灵的角度、从国际贸易的角度等针对这一问题进行了研究。根据他们的研究成果，对于造成食品安全问题的原因一般可以归纳为以下主要方面：（1）生长环境的污染，包括大气、农业用水和土壤的污染。（2）农药（兽药）不合理使用，包括禁用农药的使用，不合理地使用农药，农药结构的不合理。（3）肥料的不合理使用，包括化肥滥用和有机肥的问题。（4）种养殖生产经营方式落后。（5）病虫的抗药性增强，抗生素的滥用。（6）信息披露不及时和不畅通。（7）监管和治理体制与模式存在缺陷。（8）监管措施不力，执法不严。（9）社会诚信缺失，信用体系不健全。[①]

从经济学和管理学的角度来看，食品安全问题的根本原因在于：信息不对称导致的逆向选择和道德风险（周德翼，2008；汪普庆 2012；龚强等，2013）。那信息不对称是什么原因造成的呢？解释这一问题可以从食品安全问题的产生进行分析，其实，食品安全问题是伴随着社会变迁和农业食品体系变迁而产生的。[②]

一般而言，人类的食品（农业生产）体系发展主要经历了两个阶段。

第一，自给自足阶段（前工业社会）。指的是工业革命之前的漫长时期，当时大部分人居住在乡村，食物自给自足，生产与消费重合，生产者就是消费者，两者之间没有信息不对称，也没有运输成本。即使在城市，城市与乡村之

---

① 此外，供应安全问题导致动物疾病传播隐患（疯牛病）；耕地退化，耕种产物微量元素缺乏导致营养健康问题。

② 食品体系（Food System），亦称食物体系或食品系统，最早来源于英、美国家农业经济学界，随后以高桥正郎为首的一批日本学者，对食品系统、食品经济做了大量的研究，于 2005 年共同完成了《食品系统学全集》，形成了对食品体系的初步构建。食品体系是以人类饮食消费为核心，由食品的生产、流通、消费等环节以及相关行业与部门组成的复杂系统。食品体系的上游阶段主要是指食品生产业，即传统的农林牧渔业；食品系统的中游阶段主要是指食品加工制造业；食品系统的下游阶段主要是指食品服务业，其中包括食品零售业、食品餐饮业等。

间有着千丝万缕的联系，城市居民与农民之间也有着千丝万缕的联系，同样，城市中的产业与农业也有着千丝万缕的联系，当时的社会就是乡村社会、农业社会和熟人社会。农业社会的小镇集市，发挥着调剂农户之间由于自然与社会的不确定性导致的食物余缺。因而，自给自足阶段，生产者与消费者之间相互了解，相互信任，不存在信息不对称问题，也没有机会主义行为。

　　第二，生产与消费分离阶段（现代社会）。工业革命之后，工业化导致大量的农村人口移居城市，产生了大量的食品需求，同时，随着城镇化进程的加快，传统的城乡一体模式开始出现分离和断裂；城市与农村空间分离，由此催生出专业化、规模化的农产品生产基地和从产地到销地之间漫长的供应链（生产者—多级批发商—零售商—消费者）。为了满足人们日益增长的食品需要，工业化农业受到政府的鼓励和推动，并正在迅速取代延续数千年的传统农耕方式。在这样的食物体系之下，食品原料来源越来越多元化和全球化，食品生产的中间环节越来越多，生产工序越来越复杂，导致生产者与消费者之间的空间距离越来越远，两者之间互动越来越少，也越来越难，两者之间的心理距离也越来越疏远，进而，生产者与消费者之间关系断裂，信任消失。生产者并不了解消费者的真实需求，或无法满足消费者的需求及其变化。在发展主义和工业化范式导向的治理思维和发展政策的影响下，长期以来，农业和食品部门致力于解决过去数十年内快速增长的全球人口的温饱问题，即粮食安全问题①，各国的重要农业技术进步和农业支持政策都是以提高产量为核心。因此，食品生产者以提高产量、改善外观、延长储藏期等目的，进而降低成本，获取利润，但并不真正关心消费者对健康、营养、质量和安全等方面的要求。同样，消费者也并不了解农业生产和食品生产的真实情况，而且，消费者也无法与生产者之间对话与互动，无法将自己的需求传递到生产者，消费者主权逐渐丧失。

　　总而言之，自给自足阶段不存在食品安全问题。而现阶段，生产者与消费者之间关系彻底断裂，导致两者之间存在严重的信息不对称，互信沦丧，甚至出现冲突加剧，对立凸显的趋势。因此，食品安全问题的根源在于当下食物体

----

　　① 粮食安全（Food Security），亦称"食品防御安全"或"食物供给安全"，通常是指食品数量的安全，即是否有能力得到或者提供足够的食物或者食品。联合国粮农组织（Food and Agriculture Organization，FAO）对粮食安全的定义：指所有人在任何时候都能在物质上和经济上获得足够、安全和富有营养的食物以满足其健康而积极生活的膳食需要。这涉及四个条件：（1）充足的粮食供应或可获得量。（2）不因季节或年份而产生波动或不足的稳定供应。（3）具有可获得的并负担得起的粮食（4）优质安全的食物。

系以及生产者与消费者之间的关系出了问题。

5.1.4 食品安全问题的反思

在目前主流食物体系之下，生产者为了追求产量而过度依赖农药、化肥、除草剂和抗生素等化学合成物质，城市与农村分离，消费者与生产者之间的关系分割，高度信息不对称，信任度降低，进而导致食品安全、环境污染、生态破坏等一系列问题。这些问题交织在一起，相互影响、密不可分，对人民身体健康、国民经济以及产业发展带来了严重威胁，并成为人类共同面临的巨大挑战。

与此同时，对现代农业和主流食品体系的反思和批判也引发了一系列后现代思潮和社会运动，例如，20 世纪 60 年代，替代性食物体系（Alternative Food Networks）应运而生，意在建立新的食品生产、流通和消费结构，重新连接消费者和生产者，为解决以上问题提供一条替代性道路。

在此背景之下，为了应对工业化农业和现代食物体系所带来的种种弊端，世界各地积极开展替代性食物体系的探索与实践，先后涌现出诸多模式，其中，食品短链（Short Food Supply Chain, SFSC）① 应运而生，并得到了快速发展。在中国，为了应对日益严峻的食品安全问题，食品短链的理念得以被引进，其实践也得以推行。食品短链的具体形式多样，例如：农夫市集（Farmers' Markets）、社区支持农业（Community Supported Agriculture，CSA）、巢状市场（Nested Market）、农场商店（On-farm Shop）、农场到学校项目（Local School Food Schemes）、团购（Solidarity Purchasing Groups）、社会化电子商务（电子商务），等等，当然，食品短链的具体形式还在不断创新与发展。

5.2 社会化电子商务的作用

近年来兴起的社会化电子商务对现代食品体系带来了冲击，改善了生产者与消费者之间的关系，促进了替代性食物体系的发展与推广，有利于食品安全问题的解决。

---

① 食品短链或食品供应短链（Short Food Supply Chain / Short Supply Food Chain）的理念兴起于 20 世纪的欧洲，主要针对现代农业模式所产生的负面效应，希望通过空间距离的缩短，食品产业链环节的压缩，以及食品生产过程中信息透明度的增加来增强食品产业链的可持续性（杜志雄、檀学文，2009）。

5.2.1　重建声誉机制

在现代主流食品体系中，市场活动是个大数现象，即很多人参与经济活动，无数的生产者与无数的消费者交易，而且，市场关系是一个非人格化的经济关系，交易双方是匿名的，相互不认识。这是一种陌生人的社会，是一次性博弈，即生产者与消费者的关系在一笔交易中发生，双方的关系随着交易的终止而结束。因此，在如此背景之下，信誉机制在食品安全治理中，根本不能正常发挥作用，即信誉机制失效。

而在社会化电子商务中生产者与消费者之间是重复的博弈关系，两者之间频繁互动，消费者之间形成不同的（虚拟）社区或网络，信息传播速度快，范围广，无时间、地域限制，反馈迅速，而且，一旦卖者有不诚信行为被发现，不良信誉将被迅速广而告之，卖者失去的不只是个别消费者，也不仅仅是某些消费者群体，更重要的是将失去极为重要的社会资本和社会网络。因而，这些条件和激励为信誉机制在社会化商务环境中正常运行发挥重要作用创造了可能。

5.2.2　重建信任关系

社会化电子商务缩短了生产者与消费者之间的距离，省去了一些中间环节，恢复了生产者与消费者之间的关系，例如，农产品种养殖农户可以与最终消费者直接建立联系，他们之间可以互动，并建立长期稳定关系。从社会距离看，社会化电子商务具有"再社会化（Re-socialize）"或"再空间化（Re-spatialize）"食品的能力，从而允许消费者对食品进行价值判断。产品到达消费者手中时所"嵌入"的信息能够让消费者将食品的质量和价值同相关生产者个性及其采用的生产方法联系在一起，将食品与生产者的声誉联系起来，而这些"嵌入"信息包括交易中生产者与消费者双方互动交流传递的信息，以及其他人的评价。

社会化电子商务模式之下，食品的生产者与消费者之间的联系得以重新连接，其中信息不对称问题得以缓解。生产者可以更加准确了解消费者的真实需求，甚至是个性化需求，并尽力去满足其需求，而消费者也可以更多地了解生产环境、过程和状况等信息。例如，消费者可以通过短视频或网络直播等技术手段更便捷、详细地了解食品生产过程①，特别是食品原料的产地信息，包括

---

①　2020 年 3 月，贝店为了让用户更了解山西省晋龙鸡蛋，贝店"一县一品"首推"云"溯源模式，通过主播"连麦"的方式，直击晋龙鸡蛋生产基地。通过"云"溯源，在主播的带领下，贝店用户如身临其境般参观晋龙鸡蛋生产基地，从鸡舍养殖、鸡蛋出库、分拣、包装等全流程直播，对晋龙鸡蛋的自动化养殖、生产有了更直观的感受。

农场、农民、农产品地理生态环境等。此外，通过社会化电子商务可以提高消费者监督和参与的可能性，让更多的消费者更多地参与到食品生产经营活动中，甚至让消费者直接到农田，参与到食品生产劳动中，与农民面对面交流互动，体验食品生产的艰辛与快乐。

总之，社会化电子商务为消费者与生产者之间互动提供可能，拉近两者之间的距离，改善两者之间的关系，有助于生产者与消费者之间重建稳定的信任关系，进而增强消费者对食品安全的信任和信心。

5.2.3　生产基地建设

最近几年，社会化电子商务企业（平台）纷纷积极推进农产品上行，打开农村本地特色农产品的销售渠道，让特色农产品从田间直达全国百姓餐桌，并且，加大基地建设，从标准化、品牌化和源头控制等方面，提高食品质量安全水平，助力食品安全管理。

例如，2017年云集微店发布"百县千品"计划，要在三年内培育孵化100个地理标志农产品品牌。仅陕西省就打造了洛川苹果、临潼石榴、富平柿饼、周至徐香猕猴桃等爆品。拼多多平台将在5年内，在云南等8个省份落地1000个"多多农园"示范项目，形成覆盖西南和西北两大区域的新业态。其中，拼多多在云南保山采取建立"多多农园"方式，对于作业标准化、源头可控化的变革，让农产品品牌化成了可能；在标准化方面，拼多多建立了一个740亩标准化种植示范基地，展开种植标准化改造，同时，引导农户改进水洗、日晒等工序，在粗加工环节实现标准化、品质化作业。通过"多多农园"，拼多多将实现消费端"最后一公里"和原产地"最初一公里"直连，为消费者提供平价高质农产品的同时，更快速有效地带动深度贫困地区农货上行。同样截至2017年，农村淘宝已孵化培育出160多个区域农业品牌，上线300多个兴农扶贫产品和23个淘乡甜种植示范基地。贝店也积极推行"一县一品"项目①，打造农产品产业基地，为农产品源头供应和品质提供了有力的保障。

---

①　例如：2019年8月22日，贝店传统的扶贫项目"一县一品"将项目销定集中在了连片特困地区湖北恩施。为了进一步打造"恩施硒土豆"的地域品牌，贝店举办了"24小时单一网上平台土豆销量"吉尼斯世界纪录挑战赛，最终以恩施土豆作为扶持对象，在单一网上平台销售恩施土豆达29.83万千克，创造了第一个扶贫助农吉尼斯世界纪录。

5.3 小结

一般而言，现代主流食品体系（常规食品体系）一方面被认为是工业的、农业科技的农业食品系统（Hinrichs，2000；Goodman，2003），并衍生出消费者对工业食品的不信任与追求食品品质的问题；另一方面，由于全球食品系统主要由资本集中、依赖专家、依赖象征和断裂的空间与时间四个要素所组成，因此，各种食物系统的活动范围扩大，超越了生产与消费活动的生态脉络尺度（Feagan，2007）。因此，主流食品体系中的消费行为与食物、农产品生产地以及人际关系等都是脱离的，即脱嵌性常常被看作主流食品体系的特征（Goodman，2004）。①

当消费者在超市选择食品或者在餐厅里品尝美食时，其行动与农产品种植或生产的地域关联性相对较低，除非特别被强调，否则一般消费者不会知道食品生产的来源，其行动与地域没有关联，这是地域的脱嵌性。同样地，一般市场中消费者与生产者之间的社会关系也是非人际性的、远端的、匿名的，双方依赖的是产销体制，而非彼此间的互动关系。这种缺乏地域性情境与人际关系的脱嵌性机制，逐渐导致了人类心理的不安与不确定性，最后反映在社会集体对于食品安全性的焦虑上（陈卫平，2014）。

因此，社会化电子商务所交易的食品不仅仅具有独特的产品属性，而且，还包括由此衍生的一系列社会关系。其中所交易的食品不仅仅是商品，更是附在食品交易基础之上的关系网络。社会化电子商务不仅仅是生产者销售他们产品的食品流通体系，而且是构建在关系网络基础之上的食品生产、销售和消费新范式。它建立起了生产者与消费者之间、消费者与消费者之间的联系，实现了生产者与消费者之间即时互动交流，实现双方更直接更快捷的反馈与沟通，重建声誉机制，重构了食品安全信任关系。

---

① 嵌入理论认为经济活动嵌入在社会结构之中，即社会结构在经济活动中扮演重要的角色（Polanyi，1957；Granovetter，1985；Uzzi，1997）。相反，脱嵌性（Disembedded）是指人们的经济活动不再是嵌入于（Embedded）社会之中，而是脱嵌于社会之外。

第 6 章　食品社会化电子商务实践

蔽山农场创立于 2012 年年初，主要缘于周德翼老师强烈的社会责任意识、个人兴趣和理想，同时，随着互联网技术的不断发展，特别是网络社交平台的广泛应用，最终，两者相结合，形成了基于网络社交平台的社区支持农业模式（CSA）。下文将详细介绍这种最简单的社会化电子商务的运作流程，消费者与生产者之间的良性互动及其食品安全信任的建立，以及存在的问题与发展展望。

6.1　蔽山农场创立背景

蔽山农场由周德翼教授于 2012 年创建。① 周德翼现为华中农业大学经济与管理教师，博士生导师，长期从事食品安全管理、农产品电子商务、生态经济等领域的研究，而且长期关注"三农"问题。鉴于严峻的食品安全现状，以及安全优质农产品的供需矛盾②，周老师积极投身于食品安全管理的实践中，探索一些新的途径，重建生产者与消费者之间的信任，于是，慢慢开始筹建一个小型生态农场——蔽山农场。农场建设相当于是一次社会实验，其初衷包括以下几个方面：第一，为城市消费者提供安全优质的农产品，探索食品安全解决之道。第二，出于对家乡的感恩之情，希望能为家乡的农民拓宽销售渠道，带动当地农民增加收入提供力所能及的帮助，并探索电商扶贫之路。第三，关心农村留守儿童，开展农村支教。第四，建立实践基地，探索实践教育发展之路，并为实践、社会实验和科研提供素材和场所。

---

① 周德翼教授为笔者（汪普庆）的硕士和博士导师。而笔者从 2015 年开始在周老师的指引下，投身于农产品质量安全与社会化商务相结合的实践，积极参加蔽山农场的建设，并利用微信和 QQ 等社交工具，在笔者所在的社会网络（社区、同学、同事等）中进行销售。

② 一方面城市居民对安全优质农产品有着非常强的渴望，需求日益增加；另一方面，农民生产大量安全优质的农产品无法销售出去，卖不出好的价钱。

正是在这样的背景和理念之下，蔽山农场逐步形成，并不断积极探索与发展，形成相对稳定的供应链和客户，以及良好的口碑。

6.2　运行模式

6.2.1　农场概况

蔽山生态农场创建于 2012 年，位于湖北省广水市陈巷镇刘岗村。① 当地属北亚热带季风湿润气候，雨量充沛，气候温和、光照充足、无霜期长，位置优越，交通便利，生态环境优美、空气清新，土壤水质优良，周边无工业污染，拥有上好的地理优势。

农场地处蔽山之麓，占地 700 余亩，其中山林约 600 亩，水库约 60 亩，桃园约 30 亩。以水库为中心，三面环山，水资源丰富，水质优良，无污染，独立水系，山泉灌溉。

6.2.2　主要发展阶段

蔽山农场从创立至今已有九年，一群志同道合的人，其间付出了很多艰辛和努力，经历了很多失败与挫折，也收获了不少喜悦、友情与信任。概括起来，蔽山农场主要经历以下几个阶段。

1. 自产自销（2012—2014 年）

这个阶段初期主要是农场的创建、规划和基础设施建设，具体包括：与村委和农民协商及签订租赁（土地）合同，植树造林，修葺房屋，修建鸡舍、牛舍、羊舍和羊栏，设置隔离网。基础设施完成之后，便是养羊和养鸡，完善相关设施，然后，等到过年前 2—3 周，便通过朋友和熟人将羊和鸡进行销售。此阶段的成果是农场成立，初见雏形。教训是经验不足，时间与精力投入不

---

① 陈巷镇位于湖北省随州市广水市南部，是广水市的南大门。全镇国土面积 134.7 平方公里，人口 5.2 万人，辖 26 个行政村（居委会）。镇政府所在地距广水市政府所在地 13 公里，东距"京广"铁路、"京珠"高速公路和"107 国道"20 公里，西距"汉丹"铁路和 316 国道 15 公里。连接东西铁路、公路的杨平公路穿镇而过，与穿镇而过的 210 省道在镇政府所在地形成十字交叉，将东西南北连成一片，交通十分方便。陈巷镇是一个农业大镇，农业独具特色。水稻种植面积 4.7 万亩，总产量是广水市总产量的 1/10，素有广水市粮仓之称。

足，激励与监督不足，导致农场经营不善，产品无法正常供给。

2. 合作发展（2015—2017 年）

经历前期的失败，周老师考虑到自己无法全身心投入农场日常管理，且缺乏合适的农场管理人员等现实问题，决定与农场周边的村民进行合作，共同生产农产品。以养鸡为例，周老师先从鸡苗孵化场引进鸡苗，在农场的鸡苗保育室内饲养一段时间（大约数周），然后分发给当地村民，每户村民自愿领养若干小鸡，一般 20 只左右。小鸡是按成本价出售，且初期村民无须支付，待到小鸡长大销售之后再结账①，所有鸡按市场价包销。销售方式主要通过熟人和朋友圈预定，统计品种和数量之后，再统一分发。周教授主要以华中农业大学教师为目标客户群，将小部分熟人教师组织起来，建立专门购买与交流的群（QQ 群和微信群），由有购买意向的教师提出购买需求，然后，周老师在农场组织收购相应产品，产品集中处理之后②，运送到华中农业大学；当货物到达指定地点之后，再通知订货老师去取货；最后支付货款，交易结束。然而，实际上交易并未结束，因为，教师们拿到产品之后，还会在群里讨论产品的相关问题，提出一些批评与建议（如图 6-1 所示），交流烹饪技巧，分享美食图片和体验。

笔者一直跟随周教授从事食品安全与供应链管理领域的研究，也非常关注农场的发展，平时多有交流。2015 年开始，笔者协助周老师进行销售，在笔者所在小区通过 QQ 群和微信群出售，以土鸡为主。

此阶段为周老师发动当地农民参与，合作发展，形成合作团队。产品也从单一的鸡和鸡蛋，发展到牛肉、羊肉、鲜鱼、大米等。其间，有一些周老师的同事和朋友也积极参与农场的建设，出谋划策，到农场参观体验，并积极宣传。周老师也组织了多次较大规模的农场体验游活动，邀请感兴趣的消费者去农场参观体验，亲身感受农场及周边的自然环境和生活环境（如图 6-2 和图 6-3 所示），与当地农民交流，了解产品的种养殖方式与过程，在当地村民家品尝农家饭菜，在山上掘野菜，夜宿山上林间小屋，沉浸在湖光山色之中，感受

---

① 村民刚开始不需要花钱领小鸡饲养，养大后由周老师负责卖，获利后将利润按市场采购价减去当时的小鸡成本价分给农民。

② 以土鸡为例，处理主要是指去毛，因为去毛对一些消费者而言比较麻烦，处理起来费时费力。此外，也会根据消费者的要求进行其他的处理工作，如有的消费者不会处理鸡内脏，要求处理内脏，就帮其去掉内脏。

图 6-1　消费者的建议与交流

大自然的美妙。

图 6-2　农场周边风景

图 6-3　农场周边环境

此阶段农场产品的运输与销售方式较第一阶段发生了变化。具体而言，产品集中在过年前的一段时间，销售频次为 2—3 次，每次都是通过客运汽车将货物运输到武汉汽车客运站（武汉宏基客运站），一部分货物需通过租小面包车转运至华中农业大学，然后通知预订的消费者取货；另一部分货物在汽车客运站就地分给已预订的消费者，这些消费者居住地比较分散，需自行去指定地点取货，当然，他们大部分相互熟悉，在若干个 QQ 群或微信群里，而且，他们之中有消费者自愿当团主，协助货物分发以及收取货物。

3. 稳定发展（2018 年至今）

随着客户的逐渐稳定和增加，产品需求量和产品品种也逐步增加，同时，交易频次也随之增加，由以前每年 2—3 次，到平均每 2 个月一次，相应的交易成本也在增加，特别是每次都需要租车专门到汽车客运站接货，然后运到华中农业大学，而客户需要及时取货，不能及时取货的客户，则需要与周老师协商其他时间取货，而且，货物需要放入冰箱储藏保鲜，这样给客户和周老师都带来了诸多不便。为了解决此问题，周老师考察了几家学校门口的菜店，并与其中一家达成协议，每次货物到达汽车客运站后，由店主派人去取货，并寄存在菜店内，订货客户收到取货信息后，便根据自己的时间安排自行去菜店取货，若客户无法及时取货，菜店将货物存放在冰柜内，客户方便时再取货。当然，菜店会在整个过程中收取一定费用。

从 2019 年下半年开始，周老师会平均每 1—2 个月自己开车回农场一趟，每次都会顺路按预定需求量将相应的货物直接带回华中农业大学的家中，再通知预定客户上门取货。

6.2.3　运作流程

经过数年的发展与磨合，目前蔽山农场的运营模式基本稳定，形成了"农场直销"模式，即"Farm to Customer（F2C）"或"Farm to Family（F2F）"①，即农产品从农场和农民手中直接到达消费者及其家里，没有任何其他中间商。该模式是典型的一种食品短链，由两个环节组成。

1. 生产环节

生产环节主要是农场周边农户根据自身条件和能力种植水稻、饲养土鸡；农场的水库养少量鱼虾和白鹅，山坡上种有 30 余亩桃树；山脚下有个"广水市牛犇种养殖专业合作社"，农户经常会在农场的山上放牛。目前，农场根据季节不同可以提供以下产品：大米、土鸡、鸡蛋、牛肉、桃子、豆腐乳、鱼、鹅、鹅蛋和时令蔬菜等，其中，常年可供应的有：2—3 个品种的大米、公鸡、母鸡、线鸡、仔鸡和鸡蛋。

生产方式以传统家庭生产为主，受人均耕地资源短缺的限制，没有十分明确的生产计划。一般当地农户都有种水稻和养鸡的传统，且以自家食用为主。养鸡是在原有基础之上增加十余只，水稻也是在自家仅有的几亩田地里进行种植。只是水稻的品种一般由周老师、消费者和农民协商确定，一般有 2—3 种优质稻，然后由周老师购买。② 所以，农民几乎既没有增加成本，也未增加销售风险，生产的农产品以自家食用为主，多余的产品再提供给城市的消费者。

农产品的质量安全监督与控制方面主要体现在以下几方面。

第一，整个生产环节都由周老师协调和监督。周老师会不定期回农场生活与工作一段时间，一般为 3—5 天。而在寒暑假，周老师会在农场待一个月左

---

①　F2C 模式，即 Farm to Customer 或 Farmer to Customer，是农户自建电子商务平台或通过第三方电子商务平台，在平台上直接将农产品卖给最终消费者，实现农产品的直销。

②　周老师本科、硕士和博士的专业皆为农学，且从事过水稻研究，对水稻非常熟悉。同时，农场会根据情况选择不同优质水稻的品种，例如：广两优香 66（迟熟籼型中稻）、黄花粘、鄂香二号（晚粳米）、川优 4203（籼稻）和华两优 2834 等。

右，而且其间一般还会举办夏令营和冬令营活动，为当地儿童（特别是留守儿童）提供培训和教学辅导（如图6-4、图6-5、图6-6和图图6-7所示）。①总之，这些增进了周老师与当地农民之间的相互信任，而农民更愿意听从周老师的建议，按要求生产安全优质的农产品，提供给城市消费者。

图6-4　守望者乡村夏令营志愿团队

第二，周老师从小生活于此地，与当地农民非常熟识，甚至还有些农民是周老师的同学或朋友。周老师与他们关系密切，交流频繁，而且，经常宣传食品安全知识，传递消费者食品安全方面的诉求，同时，消费者与农民之间也可以通过网络直接交流互动，甚至有部分消费者也会去农场观察或参与农场活动，顺便可以与农民面对面交流。

第三，周老师按高于当地市场价进行收购，体现优质优价，诱导农民生产安全优质的农产品（如下图6-8所示），而且，农民在不增加成本和销售风险

①　例如，2017年7月24日至8月6日，守望者公益联盟就在蔽山农场举办了"2017守望者乡村夏令营"。守望者公益联盟前身为"积淀爱心，情暖家乡"志愿团，成立于2014年暑假，联盟成员由全国各地上百所大学热爱公益和旅行并喜欢创新创业的社会有志青年组成，秉承"互联网+公益"的创新创业理念，主要开展长期专业性的特色支教、公益旅行、公益创业等公益活动。联盟是以发展乡村，报国为民为己任，致力于贫困乡村教育、经济、文化的发展建设的全国大学生公益组织。

图 6-5　夏令营农村儿童手工课

图 6-6　夏令营农村儿童书法课

的情况下，有稳定的增收预期，因而，农民愿意提供安全优质产品。

第四，农场提供的土鸡、鸡蛋和大米等农产品皆以农民自家食用为主，多余产品才进行销售，所以农产品的质量安全有保障。

图 6-7　夏令营农村儿童与志愿者合影

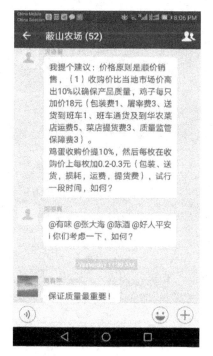

图 6-8　保障食品安全的建议

2. 销售环节

销售环节主要有两种方式：一种是由周老师提前在 QQ 群和微信群里发布通知，告知近期农场可以提供产品的种类。然后，由消费者报名和接龙，告知所需产品的种类及其数量（图 6-9），登记统计之后，由周老师从农场返回武汉时顺路带回，并按预先的订购信息将农产品分发至消费者。另一种是由消费者在 QQ 群和微信群里发布需求信息，当需求量达到一定数量后，周老师亲自回农场进行采购，或者由当地农民协助采购，并通过物流运到武汉某一客运汽车站，再由周老师或菜店店主去取货，然后，在 QQ 群和微信群里发布到货信息，消费者收到取货信息之后，自行到指定地点取货。

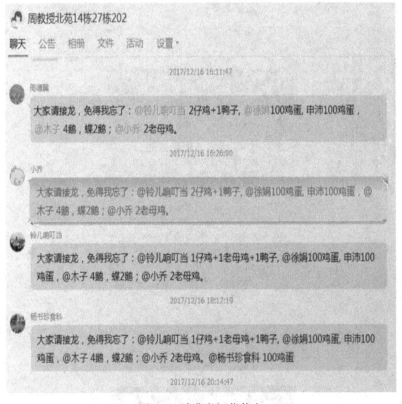

图 6-9　消费者订货信息

消费者食用农场的产品过程中，会针对产品进行交流，例如：有消费者请教食用方法（见图6-10和图6-11）；有消费者分享美食美味的体验；有消费者对产品提出批评和建议。所有的生产者和消费者都可以了解相关信息，并参与交流互动（见图6-12），增强彼此之间的信任。

图 6-10　消费者交流煮饭经验

图 6-11　消费者请教做鹅肉的经验

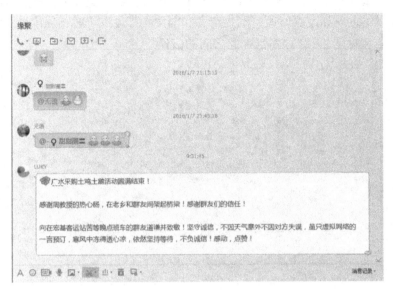

图 6-12　消费者互动

6.3　存在的问题

当前蔽山农场主要存在以下几点问题。

1. 品种单一

农场提供的农产品品种十分单一，常年供应的只有大米、土鸡和鸡蛋，其他产品要根据收获季节而定。例如，牛肉和鲜鱼一年只能提供 1—2 次，而且集中在春节前一段很短的时间，平时无法正常供应。而且，时令蔬菜的供应也非常少。因此，无法很好地满足消费者多样化和个性化的需求，只能满足消费者小部分的需求。

2. 无法盈利

目前为止，农场一直无法实现盈利。一方面销量太少，尽管形成了相对稳定的客户群，但客户数量还是比较少，长期购买的消费者数量为 20—30 人，年底消费者较多，数量在 100 人左右，这些消费者以华中农业大学教师为主。其他地方的消费者由于送货或取货不方便，后来逐渐停止了交易。另一方面价格偏低，即收购价略高于当地市场价，例如，优质大米每斤3元，散养土母鸡每斤25元（活鸡重），土公鸡每斤20元（活鸡重），而卖给城市消费者的价格与收购价基本保持一致，没有任何利润空间，只是农民的收入略有增加。因此，农场没有盈利，而是不断亏本。①

3. 质量安全仍需提高

尽管农场从未出现食品安全方面的问题，农产品的质量安全是有保障的，但是，产品的质量安全方面仍有待改进之处。其一，产品的包装与运输。产品的包装太简陋，一般为塑料袋和废旧纸盒等，既不环保，也未能回收再利用，同时，运输过程也存在隐患，虽然有保温箱，但数量不够，而且还存在二次污染的风险。其二，产品的可追溯性。目前，由于提供农产品的农民数量有限，消费者也较少，一旦出现食品安全问题，追溯源头，查找问题农户，相对比较容易。而且，农民故意假冒伪劣，以次充好，或者人为生产不安全的产品，这种机会主义行为发生的可能性非常小。② 但是，如果考虑到以后提供产品的农户数量越来越多，销量越来越大，食品安全信息可追溯性需要加强和提高，通过信息化手段提高产品的可追溯的精度和速度。

4. 组织松散

农场的经营管理、农产品的生产与销售的协调等一系列的事项都是由周老师一人亲力亲为，偶尔有些农民骨干协助，管理人员匮乏，而且，一直未成立相关组织，只是建立了一个松散的临时性团队，效率低下，凝聚力不强。因此，农场需要培养当地能人，逐渐建立农民专业合作社类似的组织，发挥组织的效率，以便于更好地管理和运营。

6.4　农场发展计划

蔽山农场将继续在原有模式的基础之上不断完善与改进，应用新的技术，

---

① 周老师创建农场的初衷并非以营利为目标，而是一种带有社会实验性质的探索，更注重的是其社会价值（科研和教育方面的意义）。因此，周老师从未计算自己的时间、精力以及资本投入，只是适当扣除当地农民的处理农产品的人工费用和运费等，这样，农民和消费者两者都收益，而农场和周老师只有投入，并没有利润。

② 当地农民非常淳朴，社会信任度较高，而且，他们提供的农产品以自家食用为主，而成本几乎未增加，收入有稳定增加，因此，他们不会故意生产不安全的农产品来销售。

积极探索新的发展途径。目前农场正在积极谋划改善与优化策略。

1. 引入生产与交易信息技术平台

一方面是可视化的可追溯生态化养殖系统（羊子、猪、鸡），即基于 GPS 对散养的家畜家禽进行可视化追踪①，以防走失和被盗，减少人力成本，也可以让消费者远程观察领养的家畜，参与养殖过程，进行价值共创。

另一方面是基于区块链的农产品短链交易系统，利用标准化可循环包装，对每家农户的土特产品分别作出标记，引入区块链技术记录追踪交易过程；设立城市社区智能化自动化提货系统，建立全程可追溯系统，并将追溯系统与交易结算整合在一起。该系统允许消费者与消费者、消费者与生产者、生产者与生产者之间的信息互动和信息共享，通过区块链储存交易信息，通过信息系统消除或降低城市化导致的生产者与消费者之间的隔离，利用信誉机制约束生产者的行为，保障食品安全。

2. 打造社会实践基地

第一，农民实践、参观与咨询服务模式。在上述技术背景下和智慧农场的建设中，部分社区农民可以参与生产实践学习相关的操作、外地农民可以参观，如果有相应需求，可以提供相应的培训和信息咨询服务。

第二，大学生实习实践与创新创业模式。农场将面对全国青年大学生，在自愿基础上，通过灵活多样的方式，参与农场实践，开展生产实践和创新创业。

第三，科学研究和教育。农场将提供真实背景下智慧农业开发与操作经验，平台建成以后，可以开展食品安全和电子商务的研究和教学实习，进行技术推广和农民信息技术培训，开展农村支教、农村劳动教育②，推进小农户与

---

①　正准备在鸡、羊和猪中引入太阳能充电定位器进行试验，例如，如果给每只放牧的羊佩戴上太阳能 GPS 定位器，充分利用 GPS/北斗定位技术，将终端设备作为牧羊人与牲畜通信联络的媒介，终端采集相关牲畜的信息，传输到牧羊人的手机 App 端，牧民不用在放牧现场便可第一时间知晓牛羊的放牧状态，同样，牧羊人根据反馈信息，可在平台端或者 App 端设置相应的指令，如设置安全电子围栏区域，来规范牧场的管理，同时远程监视放牧的情况。

②　依托蔽山农场，与武汉市洪山区守望者青少年服务中心、武汉理工大学微指尖支教团合作，于 2017—2019 年先后举行了三届大学生乡村支教夏令营、一届冬令营。2016 年接受了两名非洲留学生进行了一个月的水稻生产和养鸡实习。其他时间不定期接受外国留学生了解中国农家文化和农民创业，增加了留学生对中国农村的认识。

外部大市场对接和精准扶贫，具有多方面的意义。

除了上述两个大的方面之外，农场还正在积极创建农民专业合作社（见专栏6-1和专栏6-2），引入农业众筹的方式（见专栏6-3），不断挖掘社会化电子商务的内涵，探索新模式。

【专栏6-1】

蔽山生态化信息化种养合作社倡议（讨论稿）

（2020年3月20日）

1. 合作社的精神

自愿参加、统一规划、科技示范、经济可行、保护环境、平等协商、互助友爱。

2. 合作模式

自主生产：生态养殖，保护环境、统一规划；合股分红（4∶6）。

打工模式：（30元/日）工作4—6小时。

3. 技术模式

网络摄像头、防盗报警，认养家畜；自动开关门、清点数量；GPS定位；自动喂食、喂水功能；定时播放音乐；种草喂鸡喂猪。

4. 养羊板块

养羊数量：40只。

合作模式：农场出设施、种羊，村民出劳力。成本（药物、饲料）扣除后，所产羊子收益4∶6分成（未出售子羊，30斤以上按每只500元计价）。每户限2只种羊，村民按照羊子数量，分摊放牧时间。或者，不愿意参与分成的，每天30元付报酬。

自投资模式：农户自购羊子，合群放牧，按羊子数目分担放牧时间。计划利用摄像头监控，利用定位器追踪羊子的位置，以便减少劳力。

5. 稻田板块

20~30亩；优质稻无公害种植；入社社员稻田统一耕种，统一育秧，统一管理，冬季用于种草喂养。

6. 生猪板块

生猪数量：5头+1母猪。

分成模式：4∶6分成。

自投资模式：合群养殖，按比例投工，支付租金。

技术模式：电子监控，防盗报警，自动喂食喂水，种草喂养。

7. 桃树板块

桃子收获季节，照看人工费每天 20 元，桃子出售后的收益扣除成本后，如果有利润，在参与照桃村民中按投工分享。如果没有利润，即按照每天 20 元支付照桃费。

8. 养鸡板块

土鸡数量：500 只。

打工模式：每日 30 元。

分成模式：4∶6 分成。

自投资模式：支付租金。

技术：电子监控，种草。

9. 奶牛模块

奶牛数量：3 头。

技术：电子监控，种草。

10. 水库模块

骑马（3 匹），垂钓，夏令营。水库收益，扣除成本后，用于上述合作社成员分成。

【专栏 6-2】

蔽山桃园合作社章程

（试行一年）

（2020 年 4 月 24 日）

（1）管理原则：民主管理，少数服从多数。大家自己给自己干活，自我管理。

（2）合作社愿景：以果园为起点，发展成为城乡社区联系、社区农民互帮互助、农民养老的收入来源和生活方式。在此成功的基础上，逐步推动社区其他方面的合作与互助。

（3）管理范围：路边公共地，大桃园，有威地分成，承义地分成，泄洪道三家地分成。

（4）成员：限于杜家凹湾和朝家湾村民自愿参加，自由退出。本人申请，合作社批准。外部成员（营销者、消费者、研究者）提出申请，也可以加入。退出者自动放弃合作社社员的权益和公益基金相关权益。

（5）投工：疏花、疏果、打药、照桃、嫁接、剪枝、摘桃。生产季按照需要通知自愿选择出勤。销售季，每两人组成一组，分成三组，轮流照桃和销售，不得徇私舞弊。适当均衡安排社员投工投劳。投工数量最高最低差别不超过20%。

（6）财务管理：钱账分开；管理者每人多记3个工；记账收钱。

（7）安全责任：生产过程之前之中之后，注意安全，如果发生各种工伤事故，责任自负。

（8）销售：主要通过批发、陈巷街销售、网络电商、桃园采摘销售，价格参照本地市场零售价。本地人引荐客户采摘，10%提成（或者打8折）。大量采购（50斤以上）9折销售。

（9）分配：合作社自负盈亏，按劳分配为主，兼顾按资分配。扣除农药肥料成本后利润按2：2：6比例分成：20%归武汉投资者收益，20%作为合作社基金储备，用于桃园合作社内部未预料支出，60%用作投工工分分配。朝家湾和杜家凹每户可以免费采摘5斤（登记）。有钱分钱，没有钱分桃子，没有桃子分笑声。

（10）其他权益：农场用工、产品采购、技术培训、项目合作，合作社成员优先。遇到困难可获得合作社的适当补贴照顾。

【专栏6-3】

桃园众筹养殖计划（讨论稿）
（2020年4月23日）

甲方：周德翼（内部投资者）

乙方：外部投资方（众筹对象，村民、城市消费者）

丙方：管理者（可以也是投资者）

为了解决果园草害，同时，增加土壤肥力，计划在桃园养鸡、养猪、养蜜蜂。现在面向合作社员、城市客户招股。

1. 养殖项目

养鸡3000—4000（考虑养种鸡下蛋），猪10头左右，蜜蜂5～10箱。成功后逐步扩大。

2. 决策权

按照投资股份的多少，拥有多数股份的人拥有决策权，对经营的项目、养殖模式决策。管理者执行决策。

3. 记账、现金、物料采购与管理

记账和管钱分开。根据参与者确定管钱（出纳）与管账的人员；出纳也负责物料的管理；饲料采购集中进行。

4. 产品市场定位与销售方式

城市高端消费者：绿色食品。

孵化小鸡：周边农户。

销售模式：网络销售/超市/其他渠道。

5. 筹资目标 20 万元

投资预算：一只鸡物料成本 30 元，一头猪 2000 元。

养殖大棚及水管、电线、工具、喂食喂水器。

6. 众筹对象

当地村民，城市消费者。消费者投资每人限额 5000 元。

7. 用工

固定管理者 2 人，优先聘请有投资的劳动者；根据需要雇请临时工。

分配与支付

纯收入=总收入-部分固定资产（50%）-可变成本（如饲料药品成本，零时雇工费用、常年工人的保底工资）

纯收入在投资者与管理者之间分配，比例是 3∶7。管理者占 70%，投资者占 30%。如果出现亏损，管理者承担 30% 的损失。

城市消费者的投资回报：投资股本+5% 的利息，全部以实物（按照市场价）支付，特殊情形可以安排现金支付。2020 年价格暂定为，母鸡 25 元/斤（活鸡重），公鸡 20 元/斤（活体重），猪肉 30 元/斤，羊肉 50 元/斤，牛肉 60 元/斤。试行一年后再调整。每年提前公布产品价格。

城市投资者可以在春天花季、桃子收获季到农场游玩，免费食宿。可选择当地的时令产品作为礼品，如新鲜大米、桃子。

8. 质量控制与食品安全

饲料和饲养方法的使用要通过甲方批准。桃树下散养鸡（配合粮食饲料）、桃树下散养猪（配以饲草、枸叶、饲料），保证绿色安全。

不得使用有毒有害添加剂和饲养方法。

城市客户认养的鸡、猪、鸡子、羊子，通过 GPS 定位器和手机 App
显示动物的每日活动轨迹。

9. 退出机制

如投资者中途退出，退还投资现金。

管理者中途离开，没有补偿。

6.5　小结

笔者除了积极从事蔽山农场的建设和农产品社会化电子商务的实践之外，
还对相关农产品电子商务进行调研，具体情况如下：

（1）2017 年 10 月 19 至 10 月 22 日，笔者与华中农业大学经管学院师生
共 10 人一起赴浙江等地进行实地调研，先后走访了阿里巴巴集团杭州总部、
农村淘宝临安服务中心、杭州闻远科技有限公司、跨境电子商务综合试验区临
安园区、中国农村电子商务第一村——白牛村、义乌幸福里跨境电子商务产业
园等，了解电子商务的发展现状、发展模式、先进经验等，为相关研究做了准
备，并收集了一些第一手资料。

（2）2018 年 8 月 9 至 8 月 20 日，笔者和华中农业大学周德翼教授、博士
研究生李腾、Lacina（来自科特迪瓦的华农博士研究生），一行 4 人一起赴甘
肃省陇南市和新疆维吾尔自治区喀什市进行了为期 11 天的调研，先后走访了
农户、农产品加工企业、农产品电商企业和相关政府机构，了解其电子商务的
发展现状和好的经验，为相关研究提供素材、案例、资料和借鉴。

（3）2018 年 9 月 4 日至 2019 年 9 月 15 日，笔者在美国南达科他州立大
学（South Dakota State University，SDSU）做访问学者，其间常常去所在地
（Brookings）的农夫市集体验（见图 6-13 所示），购买一些本地的新鲜时令蔬
菜和蜂蜜等农产品（如图 6-14 所示），并且对当地农场、酒庄和葡萄园
（Schadé Vineyard and Winery）、牧场、奶牛场和乳制品生产车间等进行了参观
调研，了解当地农产品生产过程和食品安全管理措施与流程。

（4）2019 年 10 月 31 日至 11 月 1 日，笔者与华中农业大学经管学院周德
翼教授等一行赴枝江市调研中国淘宝村建设情况，先后到电商产业园、仙女村
创客中心、问安镇创客中心、桔缘合作社（见图 6-15 所示）和绿健林果蔬专
业合作社等机构进行调研，并积极探索：为什么枝江会聚集有如此大规模的淘

图 6-13　Brookings 本地的农夫市集

图 6-14　农夫市集上的本地新鲜蔬菜

宝村?① 枝江现象背后的机理是什么？枝江现象可否给其他中西部地区的发展

---

① 截至 2019 年，湖北省有 22 个淘宝村，其中枝江市就有 10 个淘宝村，而且主要分布在其中的三个淘宝镇。此现状称之为枝江现象。

带来什么启示？同年 11 月 23—24 日，笔者参加了在湖北省枝江市召开的"第三届淘宝村转型与发展论坛"，并再次对相关电子商务企业和机构进行了参观调研。

图 6-15　桔缘合作社生产车间工作场景

第7章 国内外借鉴与新技术应用

近年来，随着数字经济的蓬勃发展，新技术、新业态、新模式层出不穷，这些新兴事物将对社会化电子商务的发展和食品安全水平的提高都有很好的促进作用。

7.1 食物社区 O2O+C2B 模式

O2O（Online to Offline）是一种比较成熟的商务模式，其含义是融合了线下商务的机会以及日趋成熟的互联网营销，让互联网成为线下交易的前台。C2B（Consumer to Business）即消费者到企业，是互联网经济时代新的商业模式。其具体含义为：先由消费者提出需求，后有生产企业按需求组织生产。通常情况为消费者根据自身需求定制产品和价格，或主动参与产品设计、生产和定价，产品、价格等彰显消费者的个性化需求，生产企业进行定制化生产。C2B 的核心是以消费者为中心，消费者当家作主。下文将以美国著名生鲜电商 Farmigo 为例，介绍食物社区 O2O+C2B 模式。

7.1.1 Farmigo 简介

一般而言，美国的城镇每个周末都会有农夫市集，摆摊的都是城镇周边的农户，消费者可以在这里购买到新鲜的本地食材，很多是有机食材。但是，对于消费者而言，每个周末去农夫市集采购并不方便，而且，如果因为工作或出游而错过了那个时间点，就没办法参加了。

消费者购买本地生产的新鲜食物的另一个选择是通过 CSA（社区支持农业）农场配送，然而，如果成为了某个 CSA 农场的成员，每周菜品的搭配则可能会不那么灵活，对于消费者而言也是个弊端。因此，美国一家新型生鲜电商 Farmigo 结合农夫市集的可选择性和 CSA 的便利性，创造了一种新的模式，将消费者以"食物社区"为单位和当地小农场连接起来。

Farmigo 成立于 2009 年，是一家为消费者提供当地农户新鲜食材的生鲜电商①，在生产端为当地的中小农户提供支持并拓展销路，在消费端则提供更新鲜的食材。Farmigo 的使命为：致力于创建健康的替代食物体系，以给每一代人提供当地新鲜、实惠和可持续的食物，并期待构建一个社区导向的食物体系，在这里，同一个地理区域的消费者和农夫能够连接起来，而每个人都能够购买到新鲜健康的食物。Farmigo 发展到 2015 年，就已经与美国 25 个州的 300 多家农场（农户）建立合作关系，并在纽约和加利福尼亚州建立了 3515 个食物社区，让 2501137 户美国家庭享受到更加新鲜健康的食物。

7.1.2 运作模式

Farmigo 所采用的模式与众不同的地方是跳出了商品思维，采用以人为核心的真正的社会化电子商务思维。这种思维可以总结为"私人定制"。Farmigo 创造性地打造了"食物社区"的概念，即将地理位置相近的消费者以"食物社区"为单位和当地中小农场连接起来。这里"食物社区"类似于消费者合作社，但是又有所不同，同一食物社区的人需要在临近的地点居住或工作。食物社区可以是一所学校、一座办公楼、一片住宅区里的一部分人。同一个食物社区中的成员每周都可以各自在其社区专属的 Farmigo 网页上"点菜"，当地农场则会每周将来自同一个食物社区的单个订单汇总，每周都要给每个食物社区定点配送一次，随后由消费者自己取回各自订购的食物。加入 Farmigo 食物社区后，消费者就每周都可以吃到来自自己住所 100 英里范围以内的、48 小时内收获的新鲜食物了。

食物社区由消费者主动发起，先由发起人向 Farmigo 发起食物社区的申请，然后，公司会更多地去了解该社区，并为他们量身定制一个网页，在此网页上会有当地已经加入 Farmigo 的农户信息，以供该食物社区的成员今后在线下单。接下来，公司将帮助该食物社区的领头人（食物社区的发起人即领头人）开展宣传活动，招募成员。作为领头人的消费者需要邀请至少 20 个朋友或者邻居加入食物社区，食物社区的人数没有上线，同时，还要求领头人定期要发布食品需求征集信息。通过这种模式，来自同一地点的很多消费者就可以同时足不出户地享用当地新鲜的蔬果、蛋类、肉类、奶酪，甚至葡萄酒、咖啡

① Farmigo 的名字由 farm、I 和 go 三个单词组成，意思是网站是连接农场和用户的平台。在 2011 年 TechCrunch 创业大赛上 Farmigo 获得了奖项并且得到了 800 万美元的投资，2015 年又获得 1600 万美元融资，并且被美国著名商业杂志《Inc》评选为 2016 年最值得关注的 15 家公司之一。

和零售等。该模式的具体运作流程如下。

（1）创建市场。Farmigo 非常严格地遵守地域划分，每一个区域都有一名货源经理，他负责和本地的农场主进行联系。他们还给食品规定了严格的分类登记，这些食品必须符合美国食品安全标准。他们的目标是，用户在 Farmigo 上购买的食品，90%要来自附近 100 英里之内的农场。

（2）可买商品上线。在市场开启之前的 3—4 天里，农场主需要上线农作物的产品和种类，例如：100 个茄子、200 颗西蓝花等。在完成之后，虚拟农场就会开启，用户可以在这里进行订购。

（3）下单。用户在登录之后，需要选择当前区域，然后应用会推荐附近的农场。在蔬菜成熟 5—6 天之前，用户就可以预定了。在采摘之前，用户可以随时编辑订单，增加或减少订购数量。

（4）采摘。订购期过去之后，系统会自动将订单发送给农场主，他们之后负责作物的采摘和准备工作。然后，公司的司机会到农场取货，并且将货物送到本地的仓库中。

（5）商品打包。公司在不同的地区建立了多个小型仓储中心，工人会在这里对商品进行质量评测，通过检验的食品才会进入打包环节最终送到消费者家中。在打包完成之后，他们还会给消费者发送邮件，提醒消费者商品将会马上进入配送环节。①

（6）商品配送。公司的配送卡车会将商品送到城里的指定地点，例如学校、教堂、体育馆等地，订购了商品的消费者需要自行前来取货。这些指定地点一般情况下是由公司决定的，这些地方通常都会位于社区中心，方便所有消费者前来取货。

（7）取货。消费者到达指定地点之后，要找到写有自己名字的包裹，然后，用手机扫描包裹上面的二维码取货，随后整个购买过程就完成了。

7.1.3　借鉴与启示

Farmigo 是连接消费者和农场的中介。对于农民而言，Farmigo 是一个在线平台、一个新的销售渠道，农民通过它可以管理自己农产品的生产、销售及配送。对于消费者而言，Farmigo 是一个在线的市集，消费者通过它可以直接地从农民手中购买优质的新鲜农产品。Farmigo 的食物社区 O2O+C2B 模式非常

---

①　Farmigo 公司创始人 Benzi Ronen 表示："从采摘到配送的整个环节，都有专人负责，系统会进行记录。因此，无论哪个环节出现了问题，我们都能很快地找到第一责任人。"

值得学习与借鉴。

（1）以客户为核心。Farmigo 最人性化的地方在于它真正做到了以人为核心，以客户需求为导向来规划产品。Farmigo 为每一个食物社区都制定专属的网页，领头人每两周要在网页上发布信息，征求被邀请进入该食物社区的朋友和邻居的意见，从而与农场联系进行产品选择。同时，为了鼓励领头人积极主动发展周围的人加入食物社区，公司将该食物社区销售额的 10% 奖励给领头人，而且还会有食物的折扣。这样，领头人也将有更大的积极性投入到市场调查中。

（2）团购。真正的团购是在规定的时间内，单体销售量达到一定数量以上给予折扣的销售方式。Farmigo 以社区为单位掌控订单，然后再向农场发出订货需求。同一个食物社区中的成员每周下单预订之后，当地农场则会每周将来自同一个食物社区的单个订单汇总，每周都要给每个食物社区定点配送一次，随后由消费者自己取回各自订购的食物。这种方式就解决了食品电商最大的问题，物流成本和仓储费用的问题。

（3）困境。2016 年 7 月 13 日，Farmigo 在其官网宣布暂停其生鲜食材的配送业务，转而专注于其 CSA 软件和平台的业务。Farmigo 曾经希望自己的商业模式能够取代线下的商超，而现实中生鲜食材的分拣、清洗、包装、保鲜及配送比想象中难得多，这消耗了企业大部分的资源。显然，这个靠做软件起家的企业并不擅长这些。当然，这些是所有生鲜电商都面临的困境，值得大家反思，并积极寻求解决之道。

7.2 CSA 模式

社区支持农业（Community Supported Agriculture，CSA）兴起于 20 世纪 60 年代的日本、德国和瑞士，随后 CSA 在世界各地快速发展。目前，欧洲大约有 4000 个 CSA 项目和 40 万名消费者；日本约有 700 个 CSA 项目和 2200 万名消费者；而美国有超过 7000 家 CSA 农场，为超过 200 万户家庭提供服务。2008 年 CSA 引入中国，目前约有 CSA 农场 500 多家。社区支持农业中农产品的产销对接、预付生产费用、共担风险、共享收益，以及绿色有机的健康生产等运行特征，一方面有利于家庭农场的健康可持续发展，另一方面，从产业链的源头解决了农产品的质量安全问题。

7.2.1 CSA 的内涵

社区支持农业亦称社区互助农业、社群支持农业或社会生态农业，泛指那些消费者和他们的食物生产更紧密联系起来的举措。最初，消费者为了寻找安全的食物，与那些希望建立稳定客源的农民携手合作，建立经济合作关系。CSA 的理念已经在世界范围内得到传播，它也从最初的共同购买、合作经济延伸出更多的内涵。从字义上看，CSA 指社区的每个人对农场运作作出承诺，让农场可以在法律上和精神上，成为该社区的农场，让农民与消费者互相支持以及承担粮食生产的风险和分享利益。对于 CSA 不同学者和机构有不同理解，具体内涵如下：

第一，CSA 是一个或更多生产者与多个消费者组成的社区之间的合作关系，他们一起共同分担农业生产固有的风险和收益。

第二，CSA 是生产者和本地社区之间的合作关系，他们之间互惠互利，并将人们与他们食物生产的土地重新连接起来。

第三，"食物生产者+食物消费者+每年度的彼此承诺=社区支持农业和无限可能性"。这个相互承诺关系的本质为：农场养育人们，人们支持农场，并共同分担潜在的风险和收成。

第四，英国土壤学会认为：CSA 传递了环境的收益，如较少的食物里程①、较少的包装和生态敏感的耕作，并且，有助于本地各具特色的食品生产的回归和地区食品生产及更高的就业率，此外，更多的本土加工、本地消费和在社区中的金钱流通有助于促进当地经济。

第五，国际 CSA 联盟组织（URGENCI）认为：CSA 在地方生产者和消费者之间建立团结一致的伙伴关系，即一个农民和消费者之间公平的承诺，农民获得公平报酬，消费者分担风险和可持续农业的回报。而且，CSA 同时属于食物主权和团结经济社会运动两大范畴之内。②

---

① 食物里程（Food Miles）是 1990 年由英国人 Andrea Paxton 提出，用来描述食物从生产地到消费者餐桌所经过的运输距离。食物里程高，表示食物经过漫长的运送过程，则所代表的将是用于食物包装与保存的材料，一路上交通工具所消耗的汽油，与随之而生的废气，将增加环境的负担。

② 根据 2007 年马里聂雷尼（Nyéléni）全球论坛的声明，食物主权（Food Sovereignty）指通过生态和可持续的方式，生产符合人们健康和文化环境需求的食物，以及人们界定自己食物和农业体系的权利。这个概念将生产者、分销商和消费者置于食物体系和政策的核心位置，而不是市场和企业的需求。团结经济（Solidarity Economy）的理念和实践产生于 20 世纪 80 年代中期的拉丁美洲，在 90 年代中后期快速发展起来，其理念具体在食品领域，即提供产品和服务，以合作和互助为立身之本，以民主和参与为管理原则，并且将社会和环境价值放在优先位置。事实上，团结经济并不是一种单一的方案或模式，而是遵循类似原则组织生产和消费的各种方式，例如农夫市集、社区支持农业、消费者团购等都可以理解为团结经济。

　　CSA 核心在于重新建立人与土地、农业生产之间自然、和谐的关系。在推行 CSA 模式的农场中，生产者充分利用自然的生态循环系统，不使用化肥、农药、除草剂及生长激素，饲养家禽、种植应季蔬菜和瓜果；消费者则以会员身份，在生产之初即预付了半年或一年的农场配送份额。为生产者和消费者创立风险共担（比如恶劣气候对生产的影响），收获共享的有机生产、团结经济模式，以改善农业生态和解决食品安全问题。

　　CSA 倡导有机食物生产及健康的生活方式，它将社区中的消费者和当地的农场及农民有机地结合在一起，使当地经济、生态环境和人们之间的关系得以可持续性的发展。当地生产者遵循其原则细心地照料土地，消费者从中可以获得最新鲜健康的食物，有益于实现城乡互动和社会公平的有机生产、消费方式。CSA 注重从田间到餐桌整个过程的生态化和短链化，通过减少中间环节的转让可以让农民获得公平贸易的权利，从而增加农民的收入，改善农民的生活条件，调动有机食物生产者的积极性，形成良性循环。

7.2.2　CSA 的主要形式

　　CSA 的发展与实践已走过了 50 年，但现实中没有任何两个 CSA 完全相同，每个 CSA 都自由地创造适合农民和消费者参与的组合形式。根据组织者及其运作方式，CSA 可以粗略分为三大类五小类，如表 7-1 所示。

表 7-1　　　　　　　　　　　　　　**CSA 的主要形式**

类型	合作关系	主导者	风险共担程度
以需求为导向的股东模式	生产者和消费者贡献所能，获取所需	消费者	由社区的全部成员根据个人的贡献分担
以权利为导向的股东模式	股东提供同等的贡献，获取同等的产品	消费者	由消费者承担，通常有农户承担的很少
单个农场订购模式	农户定期收取预付菜金，并每周提供当季食物	生产者	生产者承担大部分损失，收成不好时，消费者获得的产品也会减少
多个农场订购模式	一组农户独立耕作，通过营销合作社实行 CSA	生产者	生产者承担全部损失
共同购买小组模式	消费者小组与农户签订协议，提前预约好价格和数量	社区	风险主要由消费者小组和组内消费者承担

（1）由股东或会员所主导，消费者参与项目工作，甚至完全承担项目运营，与生产者紧密联系，生产者给消费者提供食物。这种消费者主导的股东模式有两种基本形式：以需求为导向的股东模式和以权利为导向的股东模式。

（2）由农民或生产者所主导，消费者除了订购产品之外，其他参与的工作较少，消费者对农场运作的影响有限。一般情况，生产者按照一个特定的价格提供一周的蔬菜箱，并将其运送到一个离消费者住所较近的取菜点。这种直接销售的模式在消费者通过持续不断订购蔬菜箱的形式来组成一个承诺支持农场的社区之后，便形成了 CSA。根据农场数量的不同，该模式可分为：单个农场订购模式和多个农场订购模式。

（3）由社区（消费者合作社）所主导，社员（消费者）组成合作社，以合作社的组织形式与农场或生产者签约，社员的权益和义务必须通过合作社来执行。例如：中国台湾地区的主妇联盟，根据消费者参与的地区，以"班"作为共同购买的单位，让数人到数十人的小型消费团体有计划地参与运销过程，班成员参与汇总订单、接货、分装货物等，通过人力的参与来降低生产成本，进而降低售价；对于生产过程的参与，是通过合作社的协调与监督，并依据其组织中的"合作农友管理"办法来进行。

7.2.3　CSA 的作用

在 CSA 中，消费者、农场、农民和社区都可以从中获益，具体情况如下。

（1）消费者。消费者可以获得优质、安全、新鲜的食物；物有所值，即支付公平合理的价钱购买到新鲜、安全的有机食品；消费者有机会进入农场，得到农场的教育、劳动和休闲的机会；重新与土地建立联结，增加他们对农产品的季节性方面的知识；通过体验更好的饮食和体力劳动使身体更加健康；通过社交和享受农村的时光来改善精神健康；认识传统和新的农作物品种；获得对社区的归属感。

（2）生产者。这里生产者包括农场和农户。由于消费者预付费用，可以使生产者免受市场价格不稳定和产品无法出售的困扰，获得更加稳定的收入，从而能够改善生产计划，得到更多时间来专注于农作；由于向消费者直销，省去了层层中间商的运销成本，因而，生产者可以获得更高更公平的收益回报；更加融入到本地社区中，能有机会从那些更加意识到食物的真实成本的消费者那里获得直接的反馈；有机会知道自己生产的食物去了什么地方，也因此感到自己的工作得到了更多的关心和回报；有机会同更多的消费者打交道，甚至交朋友，这或许对年轻的生产者更具吸引力；得到劳动力上和未来项目计划上的帮助；同其他生产者（农民）有更多的沟通与交流。

（3）社区（当地）。CSA 对于本地社区及其所在地方的好处包括：通过 CSA，可以支持本地农业和农民，保护生态环境并且促进本地经济的健康发展；更短的食物里程带来的环境效益，更少的包装，更加生态和能够改善动物福利的农业生产方式；更高的本地就业率，可以促进本地经济发展；更多的本地化食物加工，本地消费和社区内的经济循环；教育人们有关食物的多样性、生产方式和生产成本等；改善本地的景观，鼓励更加可持续的农业生产方式；通过将那些关注自身未来健康的人们聚合到一起，增强社区的凝聚力。

7.3 短视频营销

随着短视频的爆红，利用短视频平台的流量进行农产品的营销，可以帮助解决当地农产品滞销问题，并为农民带来收入的增加。带有社交媒体属性的抖音、快手和微博，这些短视频平台相比较淘宝、京东具有强大的交互流量，容易形成可观的粉丝群体。随着经济的发展，消费者对农产品的消费要求渐渐提高，消费者更倾向于天然无公害的绿色产品。比起图片文字式的解说，人们会更喜欢短视频的沉浸式和场景式消费，这样可以帮助消费者更加全面地了解农产品。

7.3.1 短视频发展现状

短视频就是长度不超过 20 分钟，通过短视频平台拍摄、编辑、上传、播放、分享、互动，视频形态涵盖纪录短片、DV 短片、视频剪辑、微电影、广告片段等的视频短片的统称。短视频依托社交网络平台兴起并发展，以其精悍短小、制作门槛低的特点，在一定程度上满足了受众对于信息的阅读和分享需求。

由于短视频具有生产成本低、内容碎片化、传播速度快和有很强的社交属性等的特点，使得短视频在最近几年迅速得到社会的认可，开启了流量霸屏时代。根据 iiMedia Research（艾媒咨询）的《2019 中国短视频企业营销策略白皮书》研究数据显示，2018 年我国短视频用户规模已达 5.01 亿人，增长率为 107.0%，2019 年中国短视频用户规模将达到 6.27 亿人，预计 2020 年将会有 7.22 亿人使用短视频进行娱乐或商业活动，并且，随着 5G 技术的建设和普及，短视频行业将迎来创新竞争，在相关政策驱动和海外扩张以及科技等因素的推动下，短视频用户将会持续增加，预计到 2021 年，短视频的市场规模将达到 2000 亿元人民币。

7.3.2　短视频的类型与运作

短视频与其他行业交叉使得短视频得到了巨大的成功，可以大致分为以下几类：（1）以抖音、快手为代表的社交媒体类。（2）以西瓜、秒拍为代表的资讯媒体类。（3）以 B 站、A 站为代表的 BBS 类。（4）以陌陌、朋友圈视频为代表的 SNS 类。（5）以淘宝、京东主图视频为代表的电商类。（6）以小影、VUE 为代表的工具类。

下面以快手和抖音为例，分析短视频的具体运作情况。以抖音、快手为代表的社交媒体类短视频在最近几年成为了短视频巨头。"南抖音、北快手"，这两个短视频平台都是通过手机移动端竖屏传播，视频内容十分全面，不同类型的用户越来越多。短视频平台通过用户创作有趣的内容吸引其他用户观看，同时，通过后台的相关数据向用户推荐他们感兴趣的内容，形成垂直领域内容输出，但是这样容易形成审美疲劳。抖音和快手在满足用户需求的同时，也在一定的层面上帮助用户创作出了优质的内容，获得了流量的同时实现了商业价值。

虽然，抖音和快手都是短视频平台，但是，两者在用户群体定位、内容创作、路线主旨等方面有着明显的区别。快手的用户群体定位三四线城市或者以下占比更多，男女均衡，内容偏反映社会底层生活，专注农村生活，展现农村风貌，强调每个人的生活值得被记录，注重社会，注重低层。抖音的用户群体定位一二线城市占比，女性用户群体偏多，内容专注于城市生活，崇尚高品质生活，强调娱乐内容，注重设计。抖音起初只是一个垂直化的短视频社区，在不断完善其互动功能和视频种类后，增加了用户黏性。随着抖音的不断爆红，抖音开启了电商精准营销内容并成为了带动传统电商店铺转化的重要手段。当然，抖音需要背后的团队运营，帮助用户制作出可以病毒式传播的爆款视频内容。最近几年快手的 Slogan 在不断地变化，从 Slogan 的变化中我们不难看出，快手把自己的定位逐渐倾向于"记录"。快手的视频内容没有抖音制作的有质感，但是抖音的用户黏性没有快手高。抖音主播可以通过"广告+电商"的方式进行变现，快手可以通过直播打赏的方式将打赏的礼物进行变现。

此外，随着短视频用户的增加，各个短视频平台开启了直播功能。"短视频+直播"的带货模式在当下十分火爆，利用短视频吸引粉丝关注收获流量后，可以利用直播的形式进行农产品的销售。同时，可以在直播中介绍农产品的成长过程，让粉丝意识到农产品的天然无公害特点。抖音发起的助农计划，就是利用短视频创作者吸引的粉丝流量在短视频直播间卖货，由于有巨大的粉丝群体加上 KOL 效应，这样的直播卖货一般会取得很不错的销售成绩。2020年由于新冠肺炎疫情原因大量农产品滞销，政府官员纷纷加入了抖音直播卖货，帮助解决当地农产品的滞销问题。其中"县长带货"成为热潮，县长与乡村类型的抖音红人合作，例如：2020 年 3 月 11 日，延安市宜川县委书记左怀理 3 小时直播销售苹果 18 万斤；2020 年 5 月 20 日，重庆是石柱县通过线上平台（抖音和淘宝）开展直播活动，为"源味石柱"特色农产品"代言"，向全国人民推介康养石柱。视频直播甚至走向了世界，2020 年 5 月 14 日，联合国副秘书长维拉·松圭和井贤栋亮相在淘宝直播间，让备受疫情影响的卢旺达咖啡迎来了销量爆发，即 3000 包卢旺达大猩猩咖啡豆秒空，相当于一秒钟卖出了该产品过去一年的销量。中国消费者的旺盛购买力让深受疫情之困的全球中小企业看到了曙光。

7.3.3 短视频发展趋势

（1）短视频与电商"联姻"紧密，网络红人继续发挥关键作用。随着行业乱象得以治理和行业秩序得以规范，短视频与电商联系将越趋紧密。未来，基于 KOL 管理越发规范和集中，短视频产出的内容质量将明显提高，与短视频用户消费场景的结合也将越来越紧密。未来"短视频达人"也将持续在短视频与电商的"联姻"中发挥关键作用。

（2）5G 变革来临，短视频将迎来"又一春"。5G 的商用落地有效降低创作者的门槛，短视频用户体验也将得到进一步优化。在 5G 的加持下，用户在短视频的互动体验将越趋丰富，其传播性也将得到有效提升。5G 将会以其强大的优势推动短视频行业的发展，短视频将迎来"又一春"。

（3）Vlog① 作为新的短视频形式，未来势不可挡。5G 时代的到来将解决视频社交现存最大的流量问题。而社交作为视频时代最具基础性的价值，Vlog 凭借其巨大的社交潜能，有望构建起以用户为中心的社区网络，推动深度的社交和互动，实现短视频社交的爆发。

（4）素人影响力不断飙升，全民带货时代即将开启。随着技术的进一步

---

① 视频博客（Video Weblog 或 Video Blog，简称 Vlog），源于"Blog"的变体，意思是"视频博客"，也称为"视频网络日志"，也是博客的一类，Vlog 作者以影像代替文字或相片，写其个人网志，上传与网友分享。根据 iiMedia Research（艾媒咨询）的数据显示，2019 年中国 Vlog 用户规模大约达 2.49 亿人。

落地，用户制作短视频门槛或将进一步降低，未来 UGC 内容影响力也有望持续提升。同时，随着短视频+电商的应用越趋广泛，"素人"用户凭借其基数大、本地化程度高等优势，有望开启短视频全民带货时代。"素人"用户可通过满足用户的多样化需求，从而拉动流量的有效增长。

（5）"短视频+"普及，无边界营销时代已经到来。当前，短视频与美食、短视频与旅游等内容的结合应用已在用户群中逐渐渗透。未来，短视频或将持续变革移动营销。随着产业链上下游对垂直领域的关注，用户和 MCN 内容创作的垂直化与短视频的无边界营销相互促进，未来更多"短视频+"将会普及。

（6）数据驱动短视频投放增长，短视频投放交易平台不可或缺。短视频投放交易平台通过融合自身的数据和技术优势，为品牌社交舆情和行业投放数据作前期决策；通过自媒体受众数据、效果数据、虚假数据识别体系精选合适的自媒体；通过对内容的识别及智能分析，助力自媒体内容智造，为用户提供更对味的内容；通过自动派单交易以及完善的质检系统，帮助短视频的投放快速高效执行。由此可见，短视频投放交易平台是未来短视频投放不可缺失的重要环节。

总而言之，近年来，新零售和新业态快速发展，利用短视频和网络直播等形式促进农产品销售已经成为了新潮流新亮点，是农产品营销的创新，也弥补了传统农产品营销的"短板"，对于缓解农产品销售难问题、助力产业发展和促进农民增收都发挥了积极的作用。尤其在疫情期间，全国上万间的蔬菜大棚瞬间变成了直播间，市长、县长、乡镇长纷纷带货，还有网红带货，直播成为"新农活"，也让农产品的销售找到了新的出路。

7.4　农业众筹

近年来，农业众筹发展迅猛，其具有减少中间环节、增加双向沟通等优势，因而存在广阔的发展前景和空间。农业众筹作为一种利用互联网公共融资平台进行融资的新方式，与传统融资方式相比，农业众筹的方向性很强，直接提高了公众对农产品创新的认知；投资者参与程度高，信息更透明和公开，中小投资者可获得极大的社会认同感；普通创业者获得融资渠道更多，他们的创意和梦想更容易实现，从而实现其社会价值。因而，农业众筹具备传统融资方式无法比拟的优越性，使其很快成为农业发展的一种新模式。据相关数据显示，2016 年全国农业众筹累计完成项目 4400 个，完成众筹金额 4.68 亿元。[①]

7.4.1 农业众筹的内涵

众筹（Crowdfunding），意为大众筹资或群众筹资，即通过互联网向不定向个人集资，以支持某些个人或群体的想法和努力。2006 年，Michael Sullivan 在其个人微博中使用 "crowdfunding" 一词，并在维基百科中将之定义为 "群体性的合作，人们通过互联网汇集资金以支持他人或组织发起的项目"。Schwienbacher 和 Larralde（2010）从众包的广义概念出发对众筹进行了界定，将众筹视为众包的一种特例，即众筹是一种借助互联网进行公开募集资金的方式，通过捐赠、欲购商品或享有获得其他回报的权利等方式，对具有特定目的的项目提供资金支持。Rubinton（2011）认为，众筹是众包的一种应用，是通过提供捐赠、主动投资和被动投资三种融资机会为潜在的项目进行融资的。

农业众筹起源自美国，2014 年正式进入中国。其概念为采用互联网和社交网络，革新原有的农业生产流程，让大众消费者众筹资金参与到农耕之中。其倡导食品安全，可追溯农业生态，提前汇集订单，以订单驱动农业发展，让农民根据需求进行种植，农产品成熟之后直接送到用户手里，在一定程度上可以将这种模式理解成农产品的预售。

农业众筹的本质，是打破原有的零售流程，将销售前置，从而能够提前判断出销量，提前组织生产，以销量驱动生产，打破原来 "生产—销售" 的模式。通过互联网、众筹和大数据推动中国订单农业的发展，可以消除过多中间环节的损耗，让生产全过程透明化、可视化，还可以让消费者全程参与种植过程，保护可能失落的农耕文明，降低农业生产的风险。

农业众筹正在试图给传统农业链条的环节重新排序。农业众筹可以发生于整个农业大链条的各个环节，从农业育种、农产品流通、生态农场、农业机械、生物肥料，然后到农业科技、农业金融。我国农业众筹主要类型有：农产品预售众筹、农业技术众筹、农场众筹、农业股权众筹和公益众筹等。

农业众筹与电商存在本质区别。电商单纯是将现成的产品拿到网上卖，而农业众筹则是在产品形成之前就已经有了完整的创意，这种模式包含了更多的内容和可选产品，为用户提供的是个性化的定制服务，是新农业革新的有力手段。

---

① 《农业物权众筹平台可靠么?》，载搜狐网，https://m.sohu.com/a/254337414_100141351，2019 年 12 月 14 日访问。

7.4.2　农业众筹主要平台

我国农业项目多发布在综合型和权益型众筹平台上，根据农业项目自身的众筹类型可以分为股权型、权益型和公益型三种。其中，股权型农业众筹，是以土地使用权和企业股份为激励来吸引投资；权益型农业众筹在国内大多以农业项目中的农产品作为回报，而其中的一部分项目回报包括项目收益，并不仅仅是传统意义上的资本收益，更多的是以此作为吸引投资的手段；公益型农业众筹，是支持者基于公益慈善参与投资消费，不期待任何回报。在我国，农业项目多以权益型为主，其项目成功率和融资成功率均高于股权型农业项目。

就目前来看，在国内有关农业众筹且有一定影响力的网络平台中，综合型的农业众筹平台包括众筹网、淘宝众筹、轻松筹等平台。权益型的农业众筹平台包括苏宁众筹、点筹金融、大家种、有机有利、九九众筹等平台。我国部分主要众筹农业平台信息如表 7-2 所示。

表 7-2　　　　　　　　　　　　　我国主要农业众筹平台

平台类型	平台名称	上线时间	平台现状
综合型	众筹网	2014 年 7 月	包含募资、集资、孵化、运营等一站式专业众筹服务
	淘宝众筹	2014 年 9 月	与生鲜电商相关的农产品众筹
权益型	大家种	2014 年 4 月	转型，由农业众筹平台向农场中介服务转型
	有机有利	2012 年 7 月	奖励型众筹和股权型众筹，包括农产品直销、农场土地众筹、农产品众筹等
	点筹农场	2014 年 10 月	农产品众筹、农产品直销、投资优势项目

以点筹网为例，点筹网全称为深圳前海点筹互联网金融服务有限公司，成立于 2014 年 10 月。2016 年 6 月，点筹网成为广东省政府"互联网+"行动计划的试点企业。2016 年 8 月，旗下项目科诚大米入选农业部"互联网+"现代农业百佳实践案例。作为"互联网+现代农业+金融扶贫"龙头企业，其代表参加了国务院产业扶贫研讨会。

点筹网为项目发起者提供筹资、销售、推广、提升产品附加值等一站式综合众筹服务，致力于挖掘优势农产品，为消费者提供安全健康的原生态食品。点筹网对农业众筹进行不断的探索，首创"实物+权益"的分红类消费众筹模式，又利用现代科技，推出"VR/AR+网络直播"的侵入式体验农业生产场景的方法，让用户和农民直接互动交流，感受农场的原生态和特色农业文化。2017年春节又首次推出"逗地主"和"健康红包"等与年轻人接轨的社交营销方式，创新了分享、共享、娱乐、互动的线上线下运营，不仅为平台贡献了人流量，也为农业文化产业提供了更多关注度，同时也让消费者参与了农产品从田间到餐桌的过程当中。

点筹网作为一家农业细分领域的互联网平台，已成为中国互联网金融协会唯一一家农业互联网平台，并成为广东省"互联网+"行动计划的试点单位和中国人民银行广州分行"互联网+信用三农"的试点单位。已和广东、江西、湖北、河北、山东、辽宁、贵州、四川、甘肃等地区近百个县市地区农业部门达成合作关系。截至2016年11月底，平台已积累认证用户662800余人，通过与各地区农业部门合作，点筹网已上线2327余个农业项目，涉及种植、养殖业，为1960余家农企和农户提供了6亿多元的生产资金，实现农产品销售9843余万元，涉及农产品大类40余种。① 点筹网取得了巨大的社会效益和经济效益，是中国知名的农业产业互联网标杆平台。

7.4.3 农业众筹的作用

农业众筹可以解决以下几个主要问题。

（1）筹集资金。发起众筹的第一个目的就是寻找资金。通过众筹得来的资金比通过资本市场得来的资金在情感层面更有温度一些，众筹来的资金和一般投资的本质区别是，这部分众筹支持者们首先对农产品、对农业、对这一项目所蕴含的情感产生了认同，希望加入此团队，希望获得成就感。

（2）筹集人才。这指的是筹集目标消费者。农产品利润不高，农产品品牌很难打响，农产品几乎没有附加值，议价空间会较低。农业众筹通过宣传、展示的方式实现品牌化，通过情感、文化等让产品产生附加值，并将志同道合的消费者筹集起来一同分享这一产品的精神内涵。他们与项目发起者形成了一个利益共同体，形成了共同捆绑，他们将成为这个项目、这款农产品甚至是这个品牌的忠实粉丝，为企业带动现金流。

（3）筹集资源。当众筹支撑者们成为了这一农业众筹项目的投资人后，他们与项目发起者之间就已经形成一种合作伙伴的关系，这时他们的关系变得

---

① 《执行会长伍涛一行到深圳残友集团、点筹网参观学习》，载恩施商会官网，http：//www.gdessh.org/xwdt/shdt/2948.html。

相当密切，合作伙伴们愿意拿出自己手中所有的资源来帮助项目发起者整合资源。可能是提供更多的销售渠道、可能是提供更多的传播媒介、可能是提供更多的异业合作等资源的互换或互补。

总之，众筹与农业结合的模式颠覆了传统农业产业链模式，减少了农产品流通的中间环节，农场主通过直接配送或冷链物流将农产品直接发到家庭用户手中，与订单农业有异曲同工之妙，更有助于缓解农产品"最后一公里"的问题。通过众筹，让生产者和消费者之间直接通过更加清晰透明的农产品信息拉近了彼此之间的距离；更是给生产者和消费者提供了面对面交流的机会，让大家从买卖对立面转变为合作方，实现共赢。

除此之外，由于市场需求、资源、生产流程等多方面限制，一些小众化的带有情怀意识的农产品生产困难，无法满足特定消费者的需求。现代农业的发展带动农产品冷链物流的发展，为农业众筹提供了条件。

众筹农业作为基于互联网技术下的社交平台的创新模式，不仅通过延伸传统农业产业链，满足消费者对农产品从田间到餐桌等多层次的需求，还让消费者参与到农产品的生产流程中，发展 CSA，助攻食品安全。众筹农业在传统农业的发展道路上是一种积极的拓宽，是传统农业发展过程中的积极创新，增强了农业竞争力，加快现代农业转型。从长远来看，全新的众筹融资模式和经营模式为农业企业的长足发展提供了契机和出路，解决因为融资难带来的经营风险。

7.5　区块链技术

近年来，区块链技术作为"第四次工业革命"的重要成果，正在掀起一股科技革命和产业变革的浪潮。其已经在金融服务、供应链管理和健康医疗等领域逐步得到应用，并显示出其能够广泛应用于多样化场景的巨大潜力，应用前景十分广阔。

7.5.1　区块链技术的内涵

区块链的概念源于 2008 年诞生的比特币——一种点对点电子现金系统的构想，狭义来说，区块链是一种将数据区块以时间顺序相连的方式组合成的、并以密码学方式保证不可篡改和不可伪造的分布式数据库（连一席，2018）。作为比特币的底层核心技术，区块链技术并非某种特定技术，而是由多种技术组合而成的技术体系或技术解决方案，主要涉及加密技术应用、分布式算法的实现、点对点网络设计和数据存储技术，甚至还可能涉及机器学习、物联网、虚拟现实和大数据等技术。

虽然，目前还没有对区块链技术形成公认的定义，但其本质上都一样，即区块链拥有去中心化、去信任化、开放、信息不可更改、匿名、自治的特性（何蒲等，2017）。美国哈佛商学院的 Iansiti 和 Lakhani（2017）将区块链的工作原理归结为：（1）分布式数据库，区块链中任意一方均可访问数据库，并可查看全部历史记录；数据和信息不受任何单方控制；各方可无需中介就直接核实交易伙伴的记录。（2）点对点传输，通信可无需通过中央节点直接在各点之间进行；每个节点均可存储信息并向其他节点转发信息。（3）匿名与透明度，对于有权登录系统的人而言，可以看到每次交易及其相关价值；区块链中每个节点或用户皆拥有一个独一无二可识别的地址，该地址由 30 位以上的数字和字母组合而成；用户可选择匿名或提供身份证明；交易在不同的区块链地址间进行。（4）记录不可更改，交易一旦录入数据库，账户便同步更新，且记录不能篡改，因为这些记录与之前每条交易记录相关联，即链；各种算法和方法的使用，以确保数据库中的记录按时间顺序永久保存，且对网络中其他人开放。（5）计算逻辑，账本的数字化特征意味着区块链交易可以与计算逻辑联系起来，而且本质上可编程，因此，用户可以设定算法和规则，自动发起节点间的交易。区块链技术实现的框架如图 7-1 所示。[1]

7.5.2 区块链技术在农业和食品领域的应用

目前，已有许多公司致力于探索区块链技术在农业和食品领域的应用，积极开展实践。例如：阿里巴巴和京东等多家巨头企业都在积极落实区块链食品溯源项目，利用区块链技术追踪食品生产、加工、销售等全流程。2017 年 3 月，阿里巴巴与澳大利亚邮政牵手探索区块链打击食品掺假。2017 年 8 月，包括沃尔玛、雀巢、多尔和金州食品等在内的世界上 10 家最大的食品和快消品供应商与 IBM 达成合作[2]，将区块链整合到其供应链中，以便可以更快速地帮助食品供应商追溯原料成分，帮助食品公司提高供应链的可视性和可追溯

---

① 区块链技术网络实现的框架图详见：Wang, W. Hoang, D. T. Xiong, Z. et al. A Survey on consensus mechanisms and mining management in blockchain networks. IEEE Access, 2019：22328-22370.

② 这十家世界巨头公司分别为：沃尔玛、雀巢、联合利华、麦考密克、泰森、克罗格、麦克莱恩、德里斯科尔、多尔和金州食品，它们的年度全球销售额总和超过 5 万亿美元。

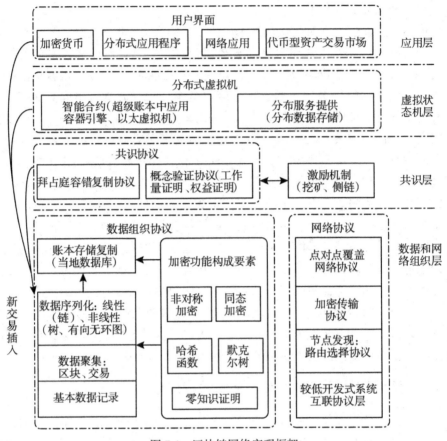

图 7-1　区块链网络实现框架

性，让食品更加安全。区块链技术的具体应用如下。

（1）2019 年 1 月 11 日下午，由卓尔智联集团旗下中农网主办的"链享未来"农业产业区块链发布会在广西南宁正式发布《中农网农业产业区块链白皮书》，上线国内第一个"大宗农产品流通区块链"，试图提升农业供应链管理的整体效率，帮助客户更好地节约成本和配置资源，助推农业产业链升级。中农网通过区块链分布式记账及不可篡改的技术①，可以把买卖双方的信息公

---

①　中农网作为我国农产品 B2B 电商的代表企业，其最核心的交易品类是蚕丝，年度交易额达数十亿，但茧丝产业上游生产单体规模小而分散、产业链条长且效率低下，交易成本过高，买卖双方还会时常出现人为毁约。

开、透明地呈现给上下游各方以及相关第三方，违约者将被行业抛弃，由此通过互相上链建立起正向的信誉生态，让良币驱逐劣币。目前，中农网农业区块链平台已经获得第一阶段的成功，不仅能重塑交易各方的信任关系，还显著提高了各项的交易效率，降低了大家的交易成本。

（2）华为推出的"农业沃土云平台"包括农产品生产管理、稻米智能制造、农产品溯源和农产品智能分析四大功能。该平台可将分散的数据进行统一管理、灵活调度，从而实现了资源共享、按需服务。农业区块链作为华为"农业沃土云平台"的重要组成部分，打通了播种、农业生产、农业投入品、稻米加工、流通、食味等多环节，构建起从种子到餐桌的端到端的农产品溯源体系。同时，依托区块链技术所呈现的消费者画像也能指导生产者针对市场需求作出相应的调整。

（3）沃尔玛与IBM以及清华大学展开合作，在中国政府的协助下启动了两个独立推进的区块链试点项目①，旨在提高供应链数据的准确性，保障食品安全。沃尔玛将区块链技术应用于全球供应链，成本有望减少1万亿美元。项目开展后，沃尔玛超市的每一件商品都在区块链系统上完成了认证，都有一份透明且安全的商品记录。在分布式账本中记录的信息也能更好地帮助零售商管理不同店铺商品的上架日期。清华大学还与永辉超市合作进行了生鲜农产品的区块链食品溯源项目。

（4）2018年，宁夏红酒产业牵手区块链Wine Chain。Wine Chain是全球首个基于区块链技术+物联网+溯源技术的红酒数字资产应用平台。此次合作将帮助宁夏红酒产业解决红酒供应链的产品品质保真、追责、信任缺失等问题，实现红酒产业数字资产化应用，提升红酒产业价值和促进红酒资产的流动性，从而建立起一个新型的红酒产业生态系统。同时，"区块链+红酒"的Wine Chain还能帮助红酒行业解决价格乱象、真假难辨的问题。

（5）2018年8月，五常市政府与阿里巴巴集团旗下天猫、菜鸟物流及蚂蚁金服集团展开全面合作，五常大米引入蚂蚁金服区块链溯源技术。从9月30号开始，五常大米天猫旗舰店销售的每袋大米都有一张专属"身份证"。用户打开支付宝扫一扫，就可以看到这袋米具体的"出生地"，用什么种子、施什么肥、再到物流全过程的详细溯源记录。这一张张"身份证"的背后是一

---

① 2016年10月，零售业巨头沃尔玛联合清华大学和IBM将超级账本（Hyperledger）区块链系统应用于食品供应链管理，以中国猪肉供应链和美国芒果供应链为试点，探索区块链技术的实际应用方式与利益。

个联盟链，链上的参与主体为五常大米生产商、五常质量技术监督局、菜鸟物流、天猫。每个参与主体都会在"身份证"上盖一个"戳"，所有"戳"都不可篡改、全程可追溯。参与主体之间的"戳"彼此都能看到，彼此能实时验证，假"戳"和其他"戳"的信息就会被立即发现并查处。五常市政府已经在利用物联网技术，将大米种植地、种子和肥料信息实时录入系统，以严格把控和追查大米总产量。如今，这一系统成为该联盟链的一个节点，从而实现从种植到物流的全流程溯源。

（6）2017 年 10 月，美国嘉吉公司开始测试一个区块链平台，确保产品从农场到餐桌的透明化。在火鸡养殖上，嘉吉内部的农场将使用一个基于区块链的系统，让消费者找到有关火鸡的信息，包括它们在哪里饲养的照片以及农民自己的评论。当顾客购买火鸡时，包装上的标签将印有一段代码，顾客可以在 Honeysuckle White 网站上输入这一代码，查验具体信息。嘉吉的 Honeysuckle White（火鸡）品牌利用这一技术，被追踪来源的火鸡将主要在德克萨斯州出售。

（7）2018 年 10 月 8 日，美国科技巨头 IBM 正式推出基于区块链的食品跟踪网络 Food Trust。该系统的核心是合作伙伴和竞争对手共同维护同一记录保存系统。2017 年 8 月开始试用后，世界上最大的 10 家零售及食品供应商与 IBM 达成合作，将区块链整合到其供应链中，从此，食品供应商追溯原料成分将可以更快速。在测试期间，零售商和供应商使用 Food Trust 区块链溯源追踪了"数百万种个体食品"。该项目将建立起消费者信任，消除生产污染和错误的产品信息。而区块链的透明性、即时可用性可以将食品调查过程缩短到几秒钟，这将在很大程度上改善当前问题食品的处理。

2020 年 1 月，在国际消费类电子产品展览会（International Consumer Electronics Show）上，致力于提高农业供应链透明度和可持续性的组织——Farmer Connect 借助 IBM 的 Food Trust 区块链技术向消费者推出了一款名为"Thank My Farmer"的新型移动应用程序。该应用程序不仅可以让咖啡消费者追踪咖啡的质量和产地，还可以为种植咖啡豆的农民提供支持。它以一种标准化的方式直接从区块链中提取信息，同时，可以满足整个咖啡行业的标准。它在用户与种植户、贸易商、烘焙商和品牌商之间架起了一座沟通桥梁，而且，弥合了咖啡师和咖啡种植户之间的"鸿沟"。这些信息将以交互式地图的形式展现，简单、灵活地述说每件产品的"前世今生"。此外，"Thank My Farmer"还为咖啡产地社区提供了可持续发展项目，让消费者有机会支持咖啡原产地。

（8）澳大利亚农业供应链追踪企业 BlockGrain 成立于 2014 年，是一个利用区块链技术买卖实物农产品的市场平台，旨在使农业行业的所有利益相关者，包括买家、卖家和货主，作出更明智的决定，消除不必要的文件和交易，增加供应链的效率，减少其风险，为参与者提供更大的市场，提高盈利能力。BlockGrain 利用区块链技术来加强供应链的跟踪和自动化，改善信息和数据传输，降低合同风险，并提供原产地信息的证明。BlockGrain 允许在整个产业过程中追踪农产品信息，可以访问土壤质量、田间应用、天气、耕作方法和种子类型的详细记录。同时，它还具备为农民提供了创建、管理和跟踪商品合同的能力。

（9）澳大利亚金融科技初创公司 AgriDigital 运用区块链技术解决农业供应链问题，简化农民和买家之间的粮油交易的区块链过程，为农民和农业生态系统提高透明度和效率。2016 年 12 月，AgriDigital 在澳大利亚农民 David Whillock 和新南威尔士州 Dubbo 的 Flectcher 国际出口公司之间进行了一次交易结算。这是农业领域的种植者和买家首次利用区块链技术作为交易结算手段。

（10）Ambrosus 是一家专注于食品供应链的瑞士创业公司，通过高科技传感器、区块链协议和智能合约，建立起可信赖的供应链生态系统，确保产品来源、质量和安全。他们为供应链设计基于区块链的生态系统，追踪并确保网络中物品的来源、品质、规范性和恰当的处理，其主要着眼于生活必需品供应链的改进，尤其是食品和药品。

（11）慈善机构乐施会利用区块链赋能柬埔寨的稻农。该机构发起了一个区块链技术平台 BlocRice，以增强柬埔寨稻米的可追溯性和供应链的信息透明度。BlocRice 是一个手机 App，可以执行智能合约，合约中记录了有机稻谷的农场出门价、交易量和运输方法，该项目最初第一年跟柬埔寨的 Preah Vihear 省的 50 个农户合作，价格的透明性预期可以增加小型稻农针对中间购买商的议价能力。BlocRice 从种植季节开始，将供应链的各个参与者都联结一起，包括农户、柬埔寨的出口商和荷兰进口商。从农业合作社到荷兰稻米加工商 SanoRice 共享了一个数字合约，从种植到米饼加工的整个过程，供应链各方通过共享的区块链分布数据库分享信息。在项目的试运行期间，通过与柬埔寨本地的商业银行 Acleda 银行合作，引入了电子支付方式。目前该系统仅限于有机稻米，将来可能扩展到其他农产品如腰果、辣椒、木薯。乐施会也希望农户数可以从 2020 年的 1000 户增长到 2022 年的 5000 户。

（12）2020 年 2 月，美国食品安全公司 Neogen Corporation 和食品行业区块链初创公司 Raw Technology（ripe.io）合作，将区块链引入动物基因组学和食品诊断中①；将区块链作为一种永久性的，不可改变的手段来记录食品消费和牲畜的整个生产过程。通过该技术将包括 Neogen 测试结果在内的大量潜在关键数据永久性地连接到食品或动物身上，从而为公司的食品安全诊断和动物基因组客户提供很多服务。而且，他们的动物诊断技术和 DNA 技术可以为食品供应链带来透明度和真实性。

（13）Agunity 是一个国际 NGO 志愿组织，目标是通过恢复信任与合作来使发展中国家的农民摆脱贫困。它们开发了一个叫作 AgUnity 的手机 App，它通过区块链技术记录和交换不可篡改的数据，为农户与合作社提供完整的信任体系。基于不可篡改的密码账本，该信任系统可以使得每个人知晓他们的工作、购买、销售和分享其他记录的信息。AgUnity 声称它建立了世界上最大的农户网络，创造一个信任的机制，为农户与合作社提供综合服务，提供智能手机使得小农可以方便地出售产品和购买农资。

（14）Wageningen 大学 Ge 等学者（2017）从 2017 年 3 月开始了一项预研究，目的是更好地了解区块链技术对于食品供应链的影响。他们试验示范性地在南非到荷兰的新鲜食用葡萄供应链中使用了区块链技术，探讨区块链技术在农产品供应链中的应用，及其对供应链中相关主体的影响；记录其中的认证信息，运用获准的分类账本和智能合约将基本认证信息加入区块链。

（15）Ifoods Chain（食安链）致力于通过区块链底层技术②，为食品领域在生产、流通、消费、检测、追溯等食品供应问题上提供解决方案，成为一个开源、开放式的食品及相关领域的区块链生态平台。2015 年年底，Ifoods Chain 开始组建团队，致力于解决食品安全的最后一公里。他们还为此专门研

---

① Neogen-Ripe 技术合作伙伴关系的形成，旨在创造和存储动物产品的历史，因为它们贯穿了从畜牧业到供应链和分销的整个生产周期。区块链引入动物基因组学的全部意图是围绕无笼蛋和散养蛋的来源，产品来源的真实性以及可追溯性的日益增长的担忧。例如：使用区块链技术可以有效地对母牛进行基因组分析，并确定饲喂的是哪种产品，了解其病史，谷仓状况，质量以及所提供的牛奶数量。因而，区块链技术可以优化整个供应链流程。

② Ifood Chain 是基于区块链技术、大数据技术所创立的一个致力于成为全球食品领域区块链的标准制定者的，开源、开放式的区块链平台。Ifoods Chain 首先要面对的是食品安全检测的问题，而后会努力为食品领域中涉及的各个环节及用户都提供相应的解决方案，目标是为食品全环节、食品全领域、食品全行业、食品全区域提供解决方案。Ifoods Chain 的全球使命：基于区块链技术、智能合约、DAI、智能设备等技术开发 Ifoods Chain 公链。Ifoods Chain 为消费者提供快速检测食品安全质量数据的手段，保护食品检测专家的权益，推动食品安全事业的发展。

发了超级探针，只有消费者测量了食品，才能产生包括溯源、监督、大数据在内的其他作用。

（16）上海阿刻忒科技有限公司（食品安全区块链实验室 Akte）专注于以物联网+区块链技术结合为依托的食品防伪溯源研究机构，致力于打造全球第一个去中心化的食品安全生态，通过物联网智能终端的信息采集，与区块链的数据链路打通，做到将食品生产及流通过程的追溯、检测、物流信息直接传递给终端消费者，真正打通生产流通端与消费端的信息不对称。由阿刻忒科技自主研发的智能硬件（鸡脚环、牛羊智能颈环）具有超常的续航能力，采用手环记步方案，每小时定位一次，采用三轴/陀螺仪定时记录并绘制运动轨迹，数据直接上传至区块链分布式账本，其不可篡改性保证了所上传数据的真实性，真正实现从根源到餐桌，全方位监测，保障食品安全。目前 Akte 已经成功研发并上线区块链生态养殖系统、可视化监控大屏、味查（WeCheck）小程序、动体追溯硬件、静态监控终端，与天域生态合作筹建金山区田园综合体示范项目，成功落地内蒙古阿图那拉牧业、"源之原味"散养及有机追溯、甘肃张掖育苗大棚及定西中药材精准扶贫种植、贵州道真县科技扶贫、海南农垦荔枝树+林下鸡立体生态订单农业等项目。通过技术的维度来给食品生产企业做信任背书，反向约束食品生产企业在生产过程中的行为规范准则及质量控制，进一步保证了食品生产品质及对消费者充分负责的态度。Akte 被中国农业部推荐参与全国万众创业大众创新示范案例展示单位。

总之，由上述区块链技术在农业和食品领域的应用可见，区块链技术将食品供应链中的各个方面都聚集在一起，从而简化了信息的交流与跟踪，以及支付流程，增强了各方之间的彼此信任。它创造了一个不可逆转的永久性数字化交易链。每个供应链网络上的参与者都拥有一份准确的数据副本，并且，根据每个参与者按权限级别，均可在整个网络中共享区块链的增强功能。农户、批发商、贸易商和零售商等皆可以近乎实时地全面地访问这些数据，更有效地进行沟通，消费者也可以对产品来源有更多的认识。

7.5.3 区块链技术在食品安全管理中的作用

区块链技术应用于食品的生产和交易等过程中，对于解决食品安全问题有以下几个主要方面的作用与优势。

（1）生产者。第一，提高整个供应链的透明度，提升可追溯能力。供应链中各个环节的相关信息都被数字化并存储在区块链网络中，每一笔交易也记录在案，即源产地环境、农产品种养殖条件、工厂及加工过程、运输状况、批次/批号、生产日期、保质期、存储温度与条件、交易对象、交易时间等相关信息都被详细地记录下来，以便查询，这样极大地提升了可追溯能力，提高了追溯和跟踪的速度和准确性。例如根据 IBM 的测试，基于区块链的可追溯系统与基于纸质和 IT 的可追溯系统相比较，追溯和跟踪时间可以从几周缩短到几秒。

第二，化解食品安全危机，减少损失。一旦发生食品安全事故，通过基于区块链的可追溯系统能够快速找到问题源头，控制事态的发展，避免受污染的食品进一步扩散，减少召回成本和公关成本，化解食品安全危机。例如，2015年 10 月，美国快餐业巨头 Chipotle 爆发了大肠杆菌和诺罗病毒感染事件，事后公司邀请食品安全领域的专家针对其所出售的食物进行了上千次的测验，同时公司负责人也亲自走访了全国多家餐厅，检查餐厅的运营情况，经过 2 个月时间的排查，仍未找到具体的感染源。正是由于发生食品安全事故后，无法定位问题源头，耽搁解决行动，导致事后的数月，Chipotle 不得不关停 43 家门店，其他门店的单店营业收入也下滑 30%—50%，公司股票价格下跌 30%，损失高达数亿美元。

第三，提升食品供应链管理效率。区块链技术有助于改善供应链中生产、加工、运输、配送、库存和销售等流程管理，尤其可以为零售商提供很好的产品保质期管理，进而减少食品过期浪费而造成的损失。

第四，提高质量安全管理，应对政府监管。区块链技术有助于企业通过HACCP、有机食品和绿色食品等相关认证，提高质量安全管理水平；有助于企业更好地符合食品安全相关法律、法规和标准的要求，应对政府监管。

第五，更好地实现产品价值。公司的文化、品牌、产品的商标以及质量安全认证等信息都可以快速、便捷和真实地传递给消费者，增强消费者对公司及其产品的信任和忠诚度，从而更好地实现价值。

第六，提高竞争力和可持续性。运用区块链技术可以增强整个供应链、公司及其产品的竞争力，使其技术优势转化为竞争优势，并更好地实现可持续发展。①

（2）消费者。对于消费者而言，区块链技术在食品安全管理中的应用将使得他们更容易获得真实可靠的信息，以及安全、放心和优质的食品，避免假

---

① 在食品供应链中应用区块链技术同样可以帮助供应链前端的种养殖农户和分销商快速获取实时市场信息，以便及时调整销售策略，更好地决策，进而提高竞争力和可持续性。

冒伪劣食品、受到污染的食品和食品安全恐慌等带来的伤害。同时，消费者可以更便捷更详细地了解食品生产过程，特别是食品原料产地信息，包括农场、农民、农产品地理生态环境等，并为消费者与生产者之间互动提供可能，拉近两者之间的距离，改善两者之间的关系，进而增强消费者对食品安全的信任和信心。

（3）政府监管者。区块链技术在食品安全管理中的应用将使得政府监管者更容易获取真实准确的信息，从而提高监管效率，增强监管效果，降低监管成本。一旦发生食品安全事件，政府监管者可以快速准确查找到问题源头，防止受污染食品进一步扩散，控制疫情，避免食品安全谣言传播，引起大众不必要的恐慌，进而使政府监管者可以将更多的人力、物力和精力投入到食品安全风险管理和食品安全事件的预测预防方面，而不是疲于"救火式"应对频发的食品安全事件及其事后追责和处罚。

（4）社会。区块链技术在食品安全管理中的应用将有益于整个社会。第一，实现多赢。食品生产者、消费者和政府等相关主体的福利均得到改善，实现多方共赢。第二，增强信心，促进产业发展。由于使用区块链技术能够很容易地获取市场数据并进行验证，使食品供应链的透明度提高，食品安全保障能力得到提升，因此，大众对食品行业和市场的信心得到增强，进而促进食品产业发展。第三，重建信任。使用区块链技术使得不法分子增加违法成本和发现几率，防止食品假冒伪劣和欺诈等机会主义行为，从而有助于提供一个更加公平的市场环境，以及诚信社会的构建，进而大幅度降低社会交易成本。

7.6 小结

除了上述提到的新模式和新技术之外，还有诸如：大数据、云计算、人工智能、物联网、第五代移动通信网络（5G）、智慧气象和智慧农场等技术，网红直播带货、生鲜零售、无接触生产与服务等新模式，这些新技术、新业态和新模式将与社会化电子商务相互融合，相互促进，推动社会化电子商务进一步发展，提升食品安全管理水平。

第8章 总结与对策

8.1 总结

通过分析、调研和比较，笔者可以得出以下观点。

1. 社会化电子商务在食品（农产品）领域发展潜力巨大

近五年，社会化电子商务一直保持高速增长，根据《2019 中国社交电商行业发展报告》数据显示，2019 年社会化电子商务消费者人数已达 5.12 亿人，成为电子商务创新的主要力量；商务部预计 2020 年中国网络零售市场规模将达 9.6 万亿元，而届时社会化电子商务市场规模预计将达 3 万亿元，对整体的占比达到约三成。社会化电子商务有望在线上渠道里"三分天下"。同时，"民以食为天"，食品（农产品）是人们日常生活的必需品，购买频率高，话题性强，关注度高，食品类社会化电子商务的市场规模有望达到万亿，发展潜力巨大。同时，近年来随着小程序和短视频等社交产品的迅猛发展，社会化电子商务产品实现社交传播的渠道更趋多样化，社会化电子商务市场发展仍然存在巨大的发展空间有待挖掘。

2. 社会化电子商务应用于食品领域有助于食品安全问题的解决

社会化电子商务对现代食品体系带来了冲击，改善了生产者与消费者之间的关系，在食品生产者和消费者之间建立起一座沟通的桥梁，促进生产者与消费者之间的互动与对话，通过线上互动，带动线下互动和体验。同时，重建声誉机制和信任关系，促进了替代性食物体系的发展与推广，有利于食品安全问题的解决。

社会化电子商务依托社交裂变、口碑效应和声誉机制，实现高效低成本引流，用户既是购买者也是推广者，这样有助于安全优质食品的推广。其"推荐"行为模式的背后是信任机制。不同于传统电子商务渠道，基于"推荐"

的社会化电子商务，更强调信任机制，进而把流量沉淀下来，从获客成本越来越高的公域流量，拉到自己的"小鱼塘"里，转化成"可识别、可触达、可运营的私域流量"。简而言之，社会化电子商务通过信任机制快速促成购买，提高转化效率，并提升复购率。

3. 食品社会化电子商务行业乱象丛生亟待规范

社会化电子商务发展迅猛的同时，其乱象也有目共睹：代理商和分销商鱼龙混杂，靠"圈子"拉人头，信任透支，假冒伪劣产品不断，价格虚高，售后服务差，传销活动，以及欺诈消费者，等等。即使政府和行业内部积极采取一系列的监管措施，然而，由于社会化电子商务平台不受时间和地域的限制，且具有很强的隐秘性，对于监管部门来说，社会化电子商务的监管仍然是一个棘手的问题。

根据艾媒咨询数据（2019 中国社交电商用户对社交电商平台存在问题的认知调查）显示，受访社会化电子商务用户表示目前社会化电子商务平台存在的问题主要有商品质量保障差、过度分享对他们造成滋扰、售后服务差，占比分别是 39.1%、31.8%、25.3%，其中商品质量保障差位列第一。由此可见，质量保障仍然是社会化电子商务发展的主要漏洞和瓶颈，尤其是食品类社会化电子商务，因此，急需加强规范和监管。

8.2 政策建议

食品社会化电子商务的发展离不开政府、企业、平台、农户和消费者等相关主体，所以，本书将从以下几个层面提供政策建议。

8.2.1 政府层面的建议

1. 建立健全相关法律法规，推动行业规范化发展

随着社会化电子商务行业的快速发展，国家对相关行业的重视程度也在不断加强，陆续出台了一系列政策，鼓励行业发展的同时明确相关部门责任，规范社会化电子商务行业发展。例如：《微商行业规范》（征求意见稿）和《社交电商经营规范》（征求意见稿）相继起草，并即将出台；2019 年 1 月 1 日，《中国电子商务法》正式施行。尽管这些相关法律法规旨在建立社交电商发展的良好生态环境，加快创建社会化电子商务发展的新秩序；促进社会化电子商

务市场健康有序发展，落实互联网相关法律法规及标准规范，夯实行业自律基础，界定相关主体的责任；加快建设社会化电子商务信息基础设施，健全社会化电子商务发展支撑体系。但是，社会化电子商务的相关法律体系仍待完善，目前单独针对社会化电子商务设立的相关体系法律法规还未健全。因而，政府应该积极推进相关法律法规出台与实施，同时进一步加强监管。

2. 加大政策支持力度，促进持续健康发展

社会化电子商务作为平台经济的一种新业态，在促进大众创业万众创新、推动产业升级、拓展消费市场、增加就业等方面作用不可低估；对建设现代化经济体系、促进高质量发展具有重要意义。特别是 2020 年年初新型冠状病毒肺炎疫情发生以来，社会化电子商务发挥了重要作用，很好地帮助了农产品的销售，增加了农民的收入。疫情下社区团购和微信拼团等社会化电子商务及时帮助社区的居民解决生鲜蔬果、肉品的供应问题，对社区居民的生活物资供给提供了有力的保障。因此，各级政府应该出台相关发展规划，加大政策引导、支持和保障力度，大力支持食品社会化电子商务模式发展。例如：政府可以从主体培育、品牌培育、人才培育、产业园区建设、仓储物流建设、公共服务建设六大方面，加大对社会化电子商务的扶持。

3. 增加优质安全食品供给，提升食品安全水平

食品社会化电子商务的快速健康发展离不开优质安全食品的供应，离不开整体食品安全水平的提升。政府应该继续全力实施食品安全战略，全面实施健康中国战略；继续调整优化农业结构，加强绿色食品、有机农产品、地理标志农产品认证和管理，打造地方知名农产品品牌，增加优质安全绿色农产品供给。同时，应该有效开发农村市场，扩大电子商务进农村覆盖面，支持供销合作社、邮政快递企业等延伸乡村物流服务网络，加强村级电商服务站点建设，推动农产品进城、工业品下乡双向流通。此外，还应该强化全过程农产品质量安全和食品安全监管，建立健全追溯体系，确保人民"舌尖上的安全"。

8.2.2　企业层面的建议

1. 深化自身供应链建设和投入

社会化电子商务本质上是电子商务行业营销模式与销售渠道的一种创新，凭借社交网络进行引流的商业模式在中短期内为其高速发展提供了保证，但

是，这种模式的创新并非难以复制，无法成为企业的核心竞争壁垒。社会化电子商务终究要回归电子商务竞争的本质——供应链能力。如果食品社会化电子商务平台或企业的供应链能力比较弱，那么其产品和体验等也会差，用户将无法留存。因而，他们需要不断深化供应链的建设和投入，增强自身的商品履约能力，特别是供应链源头（农产品产地）建设。

2. 提升品牌化建设

步入新时代，人们从"消费产品"转向到"消费品牌"，在吃得饱的同时更加注重吃得好，那么品牌的建设就至关重要，提高产品品牌化程度，就可以在激烈的社交电商竞争中赢在营销起跑线上。成功打造区域农产品品牌，可以从这几个方面入手。

一是充分利用公共资源，包括产地资源和品类资源，将其"企业化"，出于产地，高于产地，占据品类，打造自己的品牌。

二是内在品质差异化。一方面从种养方式和品种改良入手，在产品上制造不同。特别的品种有的会带有独特的外在差异性，营销者要善于将这些产品独特的差异性与品牌相连，使之成为自己品牌的特征，像标志标签一样成为消费者辨识这个品牌的依据。另一方面要挖掘提炼产品和品牌差异化价值并加以彰显传播。农产品市场是一个天生高度同质化的市场，如果产品本身现成的差异化不足，那么就需要下工夫挖掘，在产品和品牌价值上制造出不同。

三是外在形象品质化。要设法让产品和品牌在外在形象上表现出差异，用外在形象彰显和提升内在价值，即外在形象品质化。外在形象品质化可以从创意建立品牌识别符号、选准品牌代言人、做正确的广告、好包装彰显价值和差异、利用新型产业模式创造差异和利用终端设计塑造形象等方式入手。

四是农产品深加工。农产品市场中常见的产品其产品价值和附加值都低，越是生鲜食品，同质化越是严重。对产品进行深加工，改变产品原始形态，大幅度提升产品的附加价值，使原来相同的产品变得彻底与众不同。农产品做品牌的难度与加工深度成反比，即随着加工程度越来越深，做品牌的难度逐渐降低，反之亦然。冷鲜肉做品牌的难度很大，可是把鲜肉深加工做成火腿肠，做品牌就相对容易得多。同样，新鲜的蔬菜水果做品牌的难度很大，经过深加工后，蔬菜水果罐头、果蔬片做品牌就相对容易一些。深加工可以大大增加农产品食用的方便、卫生程度，易贮存和运输，这些增值在消费者的需求上找到了落脚点。

3. 加强食品安全管理，提升产品品质

食品社会化电子商务企业应加强食品安全管理，应用信息技术，监控食品从农田到餐桌全程的质量安全。例如：食品社会化电子商务企业应该积极建立实施食品安全可追溯系统。食品安全可追溯系统是围绕"从农田到餐桌"的安全管理理念，综合运用了多种网络技术、条码识别等前沿技术，实现了对农业生产、流通等环节信息的溯源管理，为企业建立包含生产、物流、销售的可信流通体系，同时也为政府部门提供监督、管理、支持和决策的依据。该系统具有生产企业（基地等）、农产品生产档案（产地环境、生产流程、质量检测）管理、检测数据（企业自检、检测中心抽检）管理、条形码标签设计和打印、基于网站和手机短信平台的质量安全溯源等功能。

此外，食品社会化电子商务企业还可以利用物联网、5G、人工智能、大数据等新技术对生产、加工、运输、销售等进行监控与分析，保障食品安全，提升产品品质。

8.2.3　农户层面的建议

农户主要指农产品种养殖者，他们既是农产品的生产者，也是食品安全的源头。因此，一方面农户应该严格按相关要求和规范生产优质安全的农产品，另一方面，他们应该积极投身于社会化电子商务，通过搭乘社会化电子商务快车，蜕变为"面向鼠标"的"新农人"，让他们优质安全的农产品走出乡村、走向全国、甚至走向世界，更广泛地带动当地农民增收致富。

8.2.4　消费者层面的建议

对于消费者而言，应该积极通过社会化电子商务与食品生产者互动，及时反馈相关意见，并积极参与食品生产和推广等过程，了解食品从农场到餐桌的整个过程，进而加深消费者和生产者之间的互信。同时，在食品领域社会化电子商务发展过程中，在政府和企业的引导下，消费者应该充分发挥自己的权利，积极参与食品的分享和评论，积极监督食品安全，把安全健康的食品积极推荐给网友，这样可以有效地促进食品社会化电子商务的健康发展。

参 考 文 献

［1］陈卫平. 社区支持农业：理论与实践［M］. 北京：经济科学出版社，2014.

［2］陈卫平等. 菜篮子革命：中国社区支持农业典型案例［M］. 北京：经济科学出版社，2015.

［3］李宁，潘晓，徐英淇. 互联网+农业：助力传统农业转型升级［M］. 北京：机械工业出版社，2015.

［4］罗必良等. 粤澳食品安全合作机制研究——基于农产品安全视角［M］. 北京：中国农业出版社，2012.

［5］裴小军. 互联网+农业：打造全新的农业生态圈［M］. 北京：中国经济出版社，2015.

［6］特雷西·塔腾，迈克尔·所罗门. 社会化媒体营销［M］. 北京：中国人民大学出版社，2014.

［7］汪普庆. 基于供应链的蔬菜质量安全治理研究［M］. 武汉：武汉大学出版社，2012.

［8］汪普庆. 食品安全治理机制研究：政府与供应链共生演化的视角［M］. 武汉：华中科技大学出版社，2016.

［9］徐振宇. 我国蔬果质量安全可持续治理机制研究［M］. 北京：知识产权出版社，2016.

［10］张维迎. 信息、信任与法律［M］. 北京：生活·读书·新知三联书店，2003.

［11］周德翼，吕志轩. 食品安全的逻辑［M］. 北京：科学出版社，2008.4

［12］周洁红. 生鲜蔬菜质量安全管理问题研究：以浙江省为例［M］. 北京：中国农业出版社，2005.

［13］周洁红. 中国食品安全管理［M］. 杭州：浙江大学出版社，2013.

［14］陈莎. 社会化电子商务网购信任影响因素及信任对口碑传播的影响研究［D］. 长沙：中南大学，2013.

[15] 段现蓉. 社会化电子商务卖家信誉对消费者购买意愿的影响研究［D］. 西安：西安电子科技大学，2017.

[16] 鲁文. 社会化电子商务在线信誉的模型构建及实证研究［D］. 沈阳：沈阳工业大学，2015.

[17] 易丹妮. "互联网+"背景下我国众筹农业的现状及运行模式——以点筹网为例［D］. 武汉：武汉轻工大学，2017.

[18] 戴国良. 社交电子商务购前分享动机研究［J］. 中国流通经济，2013，2（10）.

[19] 郭金沅，林家宝. 社会化商务环境下有机食品消费者重复购买决策分析［J］. 农业展望，2018（11）.

[20] 郭颖等. 休闲农业与食品系统融合发展趋势研究［J］. 云南农业大学学报（社会科学），2019，13（6）.

[21] 韩国兰. 共享经济背景下社交化电商发展探讨［J］. 商业经济研究，2018（1）.

[22] 侯春来. 移动化、社交化影响下的电子商务发展［J］. 商业经济研究，2017（18）.

[23] 吉敏，耿利敏. 分享经济时代下社交电商发展研究［J］. 电子商务，2019（10）.

[24] 胡定寰. 农产品二元结构——超市发展对农业部门和食品安全的影响和作用［J］. 中国农村经济，2005（2）.

[25] 胡倩等. 社会化商务特性和社会支持对水果消费者购买意愿的影响［J］. 管理学报，2017（7）.

[26] 贾孝魁. "互联网+"浪潮下社交电商发展模式及市场前景［J］. 商业经济研究，2017（22）.

[27] 林朝阳. 社交电子商务模式盈利困境及突破——以蘑菇街、美丽说为例［J］. 商业经济研究，2018（6）.

[28] 刘宏，张小静. 我国社会化电子商务研究现状分析——基于 CNKI 的文献研究［J］. 现代情报，2017（37）.

[29] 刘湘蓉. 我国移动社交电商的商业模式——一个多案例的分析［J］. 中国流通经济，2018，32（8）.

[30] 陶善信，周应恒. 食品安全的信任机制研究［J］. 农业经济问题，2012（10）.

[31] 陶晓波等. 社会化商务研究述评与展望［J］. 管理评论，2015（11）.

130

［32］ 汪普庆，瞿翔，熊航，汪志广. 区块链技术在食品安全管理中的应用研究［J］. 农业技术经济，2019（9）.

［33］ 汪普庆，周德翼，吕志轩. 农产品供应链的组织模式与食品安全［J］. 农业经济问题，2009（3）.

［34］ 汪普庆等. 供应链的组织结构演化与农产品质量安全［J］. 农业技术经济，2015（8）.

［35］ 吴元元. 信息基础、声誉机制与执法优化——食品安全治理的新视野［J］. 中国社会科学，2012（6）.

［36］ 项伟峰. SNS 社交电子商务与传统电子商务的商业模式比较［J］. 商业经济研究，2016（15）.

［37］ 谢芳. 社交商务网络环境下网络购买信任保障机制构建［J］. 商业经济研究，2017（20）.

［38］ 银伟丽，钱瑛. 社会化电子商务研究综述［J］. 现代商贸工业，2018（16）.

［39］ 余建宇. 诺贝尔经济学家给中国食品安全问题的启示［J］. 经济资料译丛，2014（4）.

［40］ 张民，何忠伟. 食品领域中社会化电子商务应用初探［J］. 北京农学院学报，2012（4）.

［41］ 周德翼，杨海娟. 食物质量安全管理中的信息不对称与政府监管机制［J］. 中国农村经济，2002（6）.

［42］ 周孝，冯中越. 声誉效应与食品安全水平的关系研究［J］. 经济与管理研究，2014（6）.

［43］ 朱小栋，陈洁. 我国社交化电子商务研究综述［J］. 现代情报，2016（36）.

［44］ 王晓瑞，莫菊明，赖晓葭. 5G 时代下社交电商新零售发展的研究［J］. 商讯，2020（1）.

［45］ 董葆茗，孟萍莉，周璐璐. 社交电商背景下零售企业营销模式研究［J］. 商业经济研究，2020（6）.

［46］ 刘洋，高茜. 中国社交电商发展的现状与建议［J］. 中国市场，2019（1）.

［47］ 郭全中. 社交电商的本质、模式与竞争关键［J］. 互联网经济，2019（6）.

［48］ 吕芙蓉，陈莎. 基于区块链技术构建我国农产品质量安全追溯体系的研

究［J］.农村金融研究，2016（12）.

［49］张瀚艺.基于区块链的我国农产品电子商务发展路径探讨［J］.商业经济研究，2017（12）.

［50］柳祺祺，夏春萍.基于区块链技术的农产品质量溯源系统构建［J］.高技术通讯，2019，29（3）.

［51］周雄，郑芳.基于区块链技术的农产品质量安全溯源体系构建探究［J］.中共福建省委党校学报，2019（3）.

［52］梅宝林.区块链技术下我国农产品冷链物流模式与发展对策［J］.商业经济研究，2020（5）.

［53］陈志钢，毕洁颖，聂凤英，方向明，樊胜根.营养导向型的中国食物安全新愿景及政策建议［J］.中国农业科学，2019，52（18）.

［54］黄季焜等.现代农业转型发展与食物安全供求趋势研究［J］.中国工程科学，2019，21（5）.

［55］旭日干等.国家食物安全可持续发展战略研究［J］.中国工程科学，2016，18（1）.

［56］陈永福等.中国食物供求分析及预测：基于贸易历史、国际比较和模型模拟分析的视角［J］.中国农业资源与区划，2016，37（7）.

［57］黄季焜.中国的食物安全问题［J］.中国农村经济，2004（10）.

［58］郑风田.从食物安全体系到食品安全体系的调整——我国食物生产体系面临战略性转变［J］.财经研究，2003（2）.

［59］徐晓新.中国食品安全：问题、成因、对策［J］.农业经济问题，2002（10）.

［60］谢敏，于永达.对中国食品安全问题的分析［J］.上海经济研究，2002（1）.

［61］王兆华，雷家骕.主要发达国家食品安全监管体系研究［J］.中国软科学，2004（7）.

［62］赵荣，陈绍志，乔娟.美国、欧盟、日本食品质量安全追溯监管体系及对中国的启示［J］.世界农业，2012（3）.

［63］李洋.疫情期间农产品滞销，各路电商齐架销售桥梁［N］.网经社，2020-2-11.

［64］艾瑞咨询.2019年中国社交电商行业研究报告［R］.2019.

［65］艾媒舆情.2019小红书社交电商平台舆情大数据监测报告［R］.2019.

［66］商务部.中国电子商务报告2019［R］.2020.

［67］京东和尼尔森. 2017 年社交电商行业白皮书［R］. 2017.

［68］艾瑞咨询. 2017 中国生鲜网购研究报告［R］. 2017-6-28.

［69］中国消费者协会. 网购诚信与消费者认知调查报告［R］. 2017-3-20.

［70］中央网信办信息化发展局，农业农村部市场与信息化司等. 中国数字乡村发展报告［R］. 2019.

［71］亿欧智库. 2019 中国社交电商生态解读研究报告［R］. 2019.

［72］互联网协会. 2019 中国社交电商行业发展报告［R］. 2019.

［73］中国互联网信息中心. 第 45 次中国互联网络发展状况统计报告［R/OL］.（2020-4-27）［2020-5-21］. http：//www. cac. gov. cn/2020-04/27/c_1589535470378587. html.

［74］商务部. 电子商务"十三五"发展规划［EB/OL］.（2016-12-29）［2018-06-10］. https：//www. useit. com. cn/thread-14359-1-1. html.

［75］Tirole J. The Theory of Industrial Organization［M］. The MIT Press, 1988.

［76］Antle J M. Efficient Food Safety Regulation in the Food Manufacturing Sector［J］. American Journal of Agricultural Economics, 1996, 78.

［77］Bai Y, Yao Z, Dou Y. F. Effect of Social Commerce Factors on User Purchase Behavior：An Empirical Investigation from renren. com［J］. International Journal of Information Management, 2015, 35.

［78］Hobbs J E, Young L M. Closer Vertical Co-ordination in Agrifood Supply Chains：A Conceptual Framework and Some Preliminary Evidence［J］. Supply Chain Management, 2000, 5（3）.

［79］Hsiao K L, Lin Judy C C, Wang Xiang-Ying et al. Antecedents and Consequences of Trust in Online Product Recommendations：An Empirical Study in Social Shopping［J］. Online Information Review, 2010, 34（6）.

［80］Kim S, Park H. Effects of Various Characteristics of Social Commerce（S-Commerce）on Consumers' Trust and Trust Performance［J］. International Journal of Information Management, 2013, 33（2）.

［81］Klein B, Leffler K. The Role of Market Forces in Assuring Contractual Performance［J］. Journal of Political Economy, 1981, 89.

［82］Sandra H, William H. Food Safety and Risk Governance in Globalized Markets［J］. Health Matrix, 2010（20）.

［83］Scuderi A, Sturiale L. Social Commerce and Marketing Strategy for "Made in Italy" Food Products［C］. Proceedings of the 7th International Conference on

Information and Communication Technologies in Agriculture, Food and Environment (HAICTA), Kavala, Greece, 2015, 9.

[84] Shapiro C. Premium for High Quality Products as a Return to Reputation [J]. Quarterly Journal of Economics, 1983, 98.

[85] Starbird S A. Moral Hazard, Inspection Policy, and Food Safety [J]. American Journal of Agricultural Economics , 2005, 87.

[86] Tariq A, Changfeng Wang, Yasir Tanveer, Umair Akram, Zubair Akram. Organic Food Consumerism through Social Commerce in China [J]. Asia Pacific Journal of Marketing and Logistics, 2019, 8.

[87] Vetter H and Kostas K. Moral Hazard, Vertical Integration, and Public Monitoring in Credence Goods [J]. European Review of Agricultural Economics 2002, 29 (2).

[88] Zhang H, Lu Y B, Wang B, and Wu S. B. The Impacts of Technological Environments and Co-creation Experiences on Customer Participation [J]. Information and Management, 2015, 52 (4).

[89] Zhang X, Aramyan L H. A Conceptual Framework for Supply Chain Governance: An Application to Agri-food Chains in China [J]. China Agricultural Review, 2009 (2).

后　　记

　　笔者开始关注社会化电子商务缘于参加华中农业大学周德翼教授的蔽山生态农场的实践。从 2015 年年初开始，笔者在周老师的带领之下，投身于湖北省广水市陈巷镇蔽山农场的建设，并利用微信和 QQ 等社交工具，在笔者所在的社会网络（社区、同学、同事等）中进行销售，成功销售土鸡、土鸡蛋和生态稻米等各类生鲜农产品，并形成了安全健康的良好声誉和稳定的消费群体。在实践过程中，笔者开始注意到交易背后隐藏的社会关系、信任和信任转移。华中农业大学的教师消费者购买农场产品主要是出于对周老师的个人信任，才慢慢开始信任相应的农户及其产品。同样地，农户也是基于对周老师的信任，愿意提供安全优质的农产品，并开始慢慢通过微信群和 QQ 群与消费者建立联系，而且，通过网络互动、面对面交流以及体验农场生产与生活等形式，建立互信。鉴于社会化电子商务和社区支持农业在促进生产者与消费者之间信任和食品安全治理方面的积极作用，笔者开始积极申报相关课题，并从事相关研究。本书就是笔者主持的教育部人文社会科学研究青年基金项目"基于社会化商务中信誉机制的农产品质量安全治理研究"　（项目编号：17YJC790144）的阶段成果之一。

　　在完成书稿之际，首先要感谢我的硕士和博士导师周德翼教授对我多年来持续关心与指导。他亲自带领华中农业大学的师生和我去实地调研。我们先后到浙江杭州市、义乌市、甘肃陇南市、新疆喀什市、湖北武汉市和枝江市等地对电商企业、食品生产农户、淘宝村和电商产业园等进行调研。此外，他还带领我参加农场实践，为我的研究提供了难得的亲身体验和很多很好的第一手资料。

　　感谢华中农业大学的夏春萍教授、何德华博士、熊航博士、博士研究生李腾和梁皖琪；感谢武汉轻工大学的雷银生教授、杨孝伟教授、张葵教授、顾桥教授、陈倬教授、龙子午教授、吴素春博士、邓义博士、邢慧茹博士、李晓涛博士，以及硕士研究生柳蓉薇、薛冰、易丹妮、郑舒文和王祥羽等，感谢他们给予的支持和帮助。

感谢 2018 年 9 月至 2019 年 9 月我在美国南达科他州立大学访学期间的合作导师王纯阳教授夫妇和汪志广博士夫妇的热心帮助；感谢南达科他州立大学的金海龙博士、王彤博士、李旭博士、乔启全教授、张晓阳教授，以及博士研究生王增岳、高荣远和陆顺等提供的帮助；感谢国家教育部和国家留学基金管理委员会（China Scholarship Council，CSC）的大力资助；感谢中国驻美国大使馆相关工作人员耿淑荣和陈武等人的关心与帮助。

感谢湖北省枝江市人民政府董广华副市长、枝江市电商产业发展促进中心覃传发主任、甘肃省陇南市电子商务协会赵炎强等为我的实地调研提供了便利和帮忙。

感谢武汉大学出版社的夏敏玲主任和沈继侠编辑等相关工作人员，正是她们的辛勤工作使得本书能够顺利出版。此外，我还要感谢我的家人，特别是我的妻子邓芳和女儿汪昱宁。本书的最终完成，饱含着她们的支持和鼓励。

总而言之，我真心地感谢所有给予关心、支持和帮助的良师益友。同时也真心希望我国食品社会化电子商务尽快走出疫情阴霾，并持续健康发展，我国食品安全水平能不断得到提升。

汪普庆

2020 年 7 月于武汉南湖花园沁康园